Die Assimilationstätigkeit

bei

Schmetterlings-Puppen

Von

Prof. Dr. Gräfin von Linden
Bonn

Mit 14 Figuren im Text und 3 Tafeln

Leipzig
Verlag von Veit & Comp.
1912

Druck von Metzger & Wittig in Leipzig.

Vorwort.

Die vorliegende Abhandlung bildet in der Hauptsache eine Zusammenfassung meiner Untersuchungen über den Gasstoffwechsel der Puppen von Schmetterlingen, die in verschiedenen Einzelveröffentlichungen aus den Jahren 1906, 1907, 1909, 1911 in dem Archiv für Anatomie und Physiologie erschienen sind. Der Herr Verleger der Zeitschrift forderte mich schon nach der ersten Veröffentlichung auf, das Thema für einen größeren Leserkreis zu bearbeiten und als selbständiges Werkchen erscheinen zu lassen. Ich konnte diesem Wunsch nicht früher nachkommen, weil ich die Untersuchungen mit einem größeren Puppenmaterial wiederholen wollte, um genauen Aufschluß zu erhalten, welche Stoffe im Körper der Puppen bei ihrem Aufenthalt in kohlensäurereicher Atmosphäre eine Vermehrung erfahren. Durch diese Feststellung, deren Gelingen ich in erster Linie den Analysen des Hrn. Dr. Neubauer, Direktor der Versuchsstation des Landwirtschaftlichen Vereines für Rheinpreußen, verdanke, sowie durch die in allen Versuchen übereinstimmenden Ergebnisse der Gewichtszunahme und der Elementaranalysen, fand ich die Richtigkeit der gasanalytischen Ergebnisse bestätigt, und ich glaube einwandsfrei nachgewiesen zu haben, daß die Puppen von Schmetterlingen unter bestimmten Bedingungen eine den Pflanzen ähnliche Assimilationstätigkeit entfalten.

Außer Hrn. Dr. Neubauer, der durch die Ausführung der Elementar- und Substanzanalysen im letzten Versuch Wesentliches zur Vollständigkeit der Resultate beigetragen hat, habe ich dem Hrn. Verleger für sein großes Entgegenkommen bei der Veröffentlichung und Frl. Mathilde Hertz für ihre eifrige und wertvolle Unterstützung bei der Korrektur und der Zusammenstellung des Stoffes meinen besten Dank auszusprechen.

Bonn, Februar 1912.

Die Verfasserin.

Inhalt.

Einleitung.

Die bisherigen Beobachtungen über Kohlensäureassimilation.

Unter Kohlensäure-Assimilation versteht man bei der Pflanze die Fähigkeit, die in der Atmosphäre enthaltene Kohlensäure in sich aufzunehmen, ihr den Kohlenstoff zu entreißen und diesen in organische Substanz überzuführen. Bei diesem Prozeß erfährt, wie bekannt, die Kohlensäure eine Spaltung in Kohlenstoff und Sauerstoff. Während der Kohlenstoff in erster Linie zum Aufbau von Kohlenhydraten Verwendung findet, wird der abgespaltene Sauerstoff nach außen abgegeben, oder aber bei Oxydationsvorgängen im Körper selbst verbraucht. Im ersteren Fall kann in der Atemluft eine Zunahme des Sauerstoffes auf gasanalytischem Wege, oder durch die, noch die geringsten Mengen freien Sauerstoffs anzeigende, Engelmannsche Bakterienmethode nachgewiesen werden, im letzteren Falle wird eine stetige, wenn auch langsame, Abnahme des Sauerstoffgehalts der Luft zu konstatieren sein, da die Pflanze nicht nur assimiliert, sondern auch atmet. Der gasanalytische Nachweis des gasförmigen Assimilationsproduktes der Pflanze, des abgespaltenen Sauerstoffs, ist indessen nur dann zu führen, wenn der mit dem Assimilationsvorgang gleichzeitig verlaufende Atmungsprozeß, der hier wie beim Tier auf einer Aufnahme von Sauerstoff und einer Abgabe von Kohlensäure beruht, die assimilatorische Tätigkeit nicht aufwiegt oder gar übertrifft. Ist letzteres der Fall, d. h. verbraucht die Pflanze durch die Atmung mehr Sauerstoff, als bei der Assimilation abgegeben wird, und produziert sie mehr Kohlensäure als von ihr assimiliert werden kann, so sind die Spuren der assimilatorischen Tätigkeit verwischt, weil uns in diesem Fall die Analyse nur eine Vermehrung der Atmungsprodukte anzeigt. Anders verhält es sich, wenn sich beide Prozesse die Wage halten, wenn ebensoviel Sauerstoff und Kohlensäure verbraucht und abgegeben wird; wohl läßt sich auch dann die Größe des Assimilationsprozesses nicht ohne weiteres zahlenmäßig bestimmen; wir müssen aber daraus, daß die Zusammensetzung der Luft dieselbe bleibt, schließen, daß neben dem Atmungsvorgang der lebenden Organismen ein Prozeß verläuft, der den ersteren, was die Aufnahme und die Abscheidung von Gasen betrifft, kompensiert.

Das Ergebnis der Assimilationstätigkeit der Pflanze ist die Bildung von Trockensubstanz. Wird von zwei in Wasser stehenden Pflanzen die eine in einer kohlensäurehaltigen, die andere in einer kohlensäurefreien Atmosphäre im Licht gehalten, so nimmt die erste an Trockensubstanz zu, indem sie aus dem ihr in der Kohlensäure zur Verfügung stehenden Kohlenstoff und aus den Bestandteilen des Wassers Kohlenhydrat aufbaut. Die in der kohlensäurefreien Luft befindliche Pflanze erfährt eine ähnliche Vermehrung ihrer Trockensubstanz nicht.

Über die Art und Weise, wie die eingeatmete oder im Körper der Pflanze bei der Atmung entstandene Kohlensäure zerlegt und verarbeitet wird, gehen die Ansichten noch auseinander. Die Beobachtung lehrt, daß in erster Linie eine Spaltung der Kohlensäure in Kohlenoxyd und Sauerstoff stattfindet, daß der Sauerstoff nach außen abgegeben werden kann und daß als Endprodukt der assimilatorischen Tätigkeit Stärke auftritt.

Als Zwischenprodukte bilden sich vermutlich Aldehyde und Zucker. Als Nebenprodukte entstehen organische Säuren (Oxalsäure, Ameisensäure und Apfelsäure). Bei einzelnen Pflanzen treten in den Chloroplasten als Assimilationsprodukte statt Stärke, Fetttröpfchen (Öleinschlüsse) auf, dieselben werden aber nicht als direktes Assimilationsprodukt sondern als das Umwandlungsprodukt einer Hexose gedeutet.[1]

Die meisten pflanzlichen Organismen assimilieren nur bei Tag, während der Nacht beschränkt sich ihr Gaswechsel auf die Aufnahme von Sauerstoff und auf die Abgabe von Kohlensäure, mithin auf die Atmung. Dieses Verhalten ist darin begründet, daß die der Assimilation des Kohlenstoffes vorausgehende Spaltung der Kohlensäure sich nur bei Zufuhr von Energie vollziehen kann. Als Kraftquelle dient der Pflanze bei diesem Reduktionsprozeß das Sonnenlicht, und zwar sind diejenigen Strahlen am wirksamsten, welche von den, die Assimilation vollziehenden Organen der Pflanze am stärksten absorbiert werden. Die Lichtabsorptionsmaxima entsprechen, wie Engelmann[2] nachwies, jeweils den Assimilationsmaxima. Daraus

---

[1] Czapeck, *Biochemie der Pflanzen.* S. 500.

[2] Engelmann, Zur Technik und Kritik der Bakterienmethode. *Bot. Zeitung.* 1886.

folgt, daß die Assimilation grüner chlorophyllhaltiger Pflanzen am stärksten durch die Strahlen zwischen den Fraunhoferschen Linien *B—C*, im roten Teil des Spektrums, angeregt wird, und daß grüne Pflanzen ein zweites kleineres Assimilationsmaximum im Blau, bei der Linie *F*, zeigen. Allein auch die Lichtstrahlen anderer Wellenlänge können dem pflanzlichen Organismus bei der Spaltung der Kohlensäure als Energiequelle dienen, vorausgesetzt, daß sie in den Chromatophoren zur Absorption gelangen. Bei den rot, gelbbraun oder blaugrün gefärbten Diatomaceen und Oscillarien fand Engelmann[1], daß die assimilatorische Tätigkeit in den grünen oder gelben Bezirken des Spektrums am energischsten war. Für Bacterium photometricum lag das Assimilationsmaximum im Ultrarot, entsprechend der starken Absorption, die dieser Strahlenbezirk durch den in dieser Art enthaltenen Farbstoff (Bacteriopurpurin)[2] erfährt. Es können somit sowohl die für unser Auge sichtbaren, wie die unsichtbaren Lichtstrahlen die Spaltung der Kohlensäure und die Assimilation des Kohlenstoffes im Pflanzenorganismus bewirken, in beiden Fällen stammt die Energie, der die Pflanze zur Ausführung der Reduktionssynthese bedarf, von der Sonne.

Es gibt aber auch pflanzliche Organismen, die in ihrem Innern über Kraftquellen verfügen, die sie in den Stand setzen, ohne Lichtenergie, also im Dunkeln, zu assimilieren. Es sind dies die nitrifizierenden Bakterien, die unter Lichtabschluß den atmosphärischen Kohlenstoff in ihrem Körper fixieren.

An Stelle der durch die Lichtstrahlen übermittelten Energien treten hier Kraftquellen auf, die durch chemische Vorgänge im Organismus der Pflanze erschlossen werden. Die Kräfte, die nötig sind, um die Spaltung der Kohlensäure zu vollziehen, werden hier im Körper der Pflanze selbst erzeugt, sie werden bei den sich abspielenden Oxydationsvorgängen verfügbar.[3] Schon bei dem Atmungsprozeß, wo die sich mit dem Sauerstoff der Luft verbindenden organischen Körper der Verbrennung anheimfallen, wird Energie frei, die wir als Wärme messen können. Eine größere Kraftquelle eröffnet sich den verschiedenen Gruppen von Bakterien in ihrer Fähigkeit, Sauerstoff zur Oxydation der ihrem Organismus zugeführten Ammonium- Schwefel- und wahrscheinlich auch Eisenverbindungen zu verwenden. Die

[1] Engelmann, Farbe und Assimilation. *Ebenda.* 1883. Nr. 1 und 2. S. 1—12.

[2] Derselbe, Die Purpurbakterien und ihre Beziehungen zum Licht. *Ebenda.* 1888. S. 693. — Über Bakteriopurpurin und seine physiologische Bedeutung. Pflügers *Archiv.* 1888. Bd. XLII. S. 183.

[3] F. Hueppe, Über Assimilation der CO_2 durch chlorophyllfreie Organismen. *Archiv für Anatomie und Physiologie.* 1905. Physiol. Abtlg. Suppl. S. 33—61.

bei diesen Oxydationsprozessen frei werdenden Kräfte dienen dem Pilz dazu, die Spaltung des Kohlensäuremoleküles und die Assimilation des Kohlenstoffes auszuführen. Wird solchen „Stickstoffbakterien“ Stickstoff in Form von Ammoniak zugeführt und Kohlenstoff als Kohlensäure in der atmosphärischen Luft, so wird die Oxydation des Ammoniaks zu salpetriger Säure zur Energiequelle, mit deren Hilfe die Kohlensäure der Luft gespalten wird, andererseits vermittelt der bei dem Reduktionsprozeß der Kohlensäure frei werdende Sauerstoff in statu nascendi sofort wieder die Oxydation von Ammoniak.

Wir sehen also, daß im Pflanzenreich die Kohlensäure der Luft assimiliert wird mit und ohne Chlorophyll mit Hilfe des Lichtes und mit Hilfe von chemischen Kräften, die sich im Organismus erzeugen. Wir sehen aber auch gleichzeitig, daß sowohl die höchsten Pflanzen imstande sind die in der Luft enthaltene Kohlensäure in lebendige Substanz zu verwandeln, ebensogut wie die kleinsten einzelligen Organismen, die Bakterien, die auf der untersten Stufe der organisierten Welt stehen. Da, wo Pflanzen- und Tierreich sich berühren, ist das lebendige Plasma also noch mit der Fähigkeit ausgerüstet, seinen Körper aus anorganischem Kohlenstoff aufzubauen. Diese Fähigkeit bleibt der Pflanze erhalten und bildet geradezu ein Charakteristikum der höheren grünen Pflanzenarten. An der Schwelle des Pflanzen- und Tierreiches finden wir indessen auch Organismen, Bakterienformen, bei denen kein Assimilationsprozeß nachweisbar ist, in deren Stoffwechsel nur die Produkte der Atmung auftreten, die wie die höheren Tiere überwiegend Sauerstoff aufnehmen und Kohlensäure abgeben. Sollte nun in der tierischen Zelle wirklich der Lebensprozeß ein prinzipiell so verschiedener sein, daß jede Spur von dem Assimilationsvermögen der Pflanze verwischt wäre?

Man kennt eine Reihe von niederen Tierformen, die gleich den Pflanzen im Lichte Kohlensäure aufnehmen und Sauerstoff abgeben, und die einen Farbstoff enthalten, der mit dem Chlorophyll identisch ist. Solche assimilierende Pflanzen finden sich in den verschiedensten Tierklassen. Zahlreiche einzellige Tiere, hauptsächlich Wimperinfusorien (Paramaecium, Stentor usw.) und Flagellaten (Euglena, Volvox, Chlamydomonas) zeigen diese Eigentümlichkeit, allein auch bei mehrzelligen Tieren wird Assimilationstätigkeit in Gegenwart von Blattgrün beobachtet. So fand schon Hogg 1840 bei Süßwasserschwämmen (Spongillen), die in stehenden Gewässern als weiche grünliche Masse angetroffen werden, daß sie, sobald sie sich im Licht befanden, gleich den Wasserpflanzen Gasblasen abschieden. Gleiches wurde bei unserem kleinen Süßwasserpolypen, der Hydra viridis beobachtet, dessen Körperparenchym mit grün gefärbten Körnern und Bläschen angefüllt ist. Diese Beobachtungen führten zu der Auffassung, daß nicht, wie bisher angenommen wurde, nur die Pflanzen, sondern daß auch Tiere imstande sind, die Kohlensäure der Luft unter dem Einfluß des Lichtes und in Gegenwart von Chlorophyll zu Stärke zu verarbeiten, sich auf diese Weise zu ernähren und ihre Trockensubstanz zu vermehren. Bei genauer Nachprüfung der Chlorophyllkörper dieser assimilierenden Tiere erkannte man indessen, daß es sich in den grünen Körnern nicht um aus dem Tierkörper stammende Gebilde handle, sondern daß die Chlorophyll führenden Organe von außen eingedrungene Algen waren, daß also die assimilierende Tätigkeit keine tierische Funktion, sondern nach wie vor als das Resultat der Lebenstätigkeit eines pflanzlichen Organismus anzusehen war. Diese Tatsache, daß es sich in den angeführten Fällen um eine Vergesellschaftung von einzelligen Pflanzen und von Tieren handelte und daß die grünen Körper nicht als integrierende Bestandteile des tierischen Organismus anzusehen seien, wurde zuerst an grünen Infusorien nachgewiesen. Entz hatte beobachtet, daß sich die chlorophyllhaltigen Organe hauptsächlich bei solchen Infusorien vorfanden, die sich von einzelligen Algen oder grünen Geißeltierchen ernährten. Es gelang beim Zerzupfen der Infusorienleiber, die in der Rindenschicht des Körperplasmas eingelagerten grünen Körner zu isolieren, und es zeigte sich, daß die Chlorophyllkörper im Wasser außerhalb des Infusorienorganismus nicht zugrunde gingen. Im Gegenteil, die kleinen grünen Körner wuchsen, vermehrten sich und entwickelten sich zu typischen Algen. Eine Teilung und Vermehrung der Chlorophyllkörper wurde auch im Innern der Infusorien beobachtet. Die erste Besiedelung der Infusorien mit diesen Algen geschieht nach der Beobachtung von Entz in der Weise, daß dieselben durch die Mundöffnung in den Leib eindringen und aus dem verdauenden Endoplasma in die Rindenschicht gelangen und hier nach sich schnell wiederholenden Teilungen in die Pseudochlorophyllkörner zerfallen. Diese ersten Angaben von Entz wurden durch weitere Versuche gestützt (Dreßler), in denen es gelang, ungefärbte oder wenigstens chlorophyllfreie Exemplare von Stentor in kurzer Zeit in grün gefärbte Formen zu verwandeln, indem man sie mit den grünen Körperchen der Spongillen zusammenbrachte. Dasselbe Resultat erhielt Le Donbec, wenn er ungefärbte Wimperinfusorien, Paramaecien, in die Gesellschaft der grünen Formen brachte. Nach einigen Tagen hatten sich alle Paramaecien in gefärbte Tiere verwandelt, sie waren durch die grünen Tiere infiziert worden. Durch Brandt und Haberlandt wurden auch die bei Strudelwürmern, Polypen und Schwämmen vorkommenden Chlorophyllkörper als mit diesen vergesellschaftete Algen gedeutet und die assimilatorische Tätigkeit dieser Tiere dadurch in eine ganz andere Beleuchtung gestellt. Es war jetzt nicht mehr der Tierkörper, dem die Aufgabe zufiel, die Kohlensäure der Luft zu spalten und in Nährstoffe überzuführen; diesen synthetischen Prozeß vollzog die in dem Tier wohnende Pflanzenzelle. Der in den abgeschiedenen Gasblasen enthaltene Sauerstoff galt nicht mehr als Produkt der tierischen Zelle, derselbe war im Körper der Pflanze entstanden und hatte nur den Organismus des Tieres passiert, ohne von diesem zu Oxydationszwecken verwendet worden zu sein.

Das Tier, bei dem bei Tag und bei Nacht der Atmungsstoffwechsel überwiegt, von dem fortwährend Kohlensäure produziert wird, verschafft der Pflanze die Substanz, aus der sie unter dem Einfluß des Lichtes Stärke bereitet. Andererseits versieht die assimilierende Pflanze das ihr Kohlensäure liefernde Tier mit Sauerstoff und mit den Assimilationsprodukten der Kohlensäure. Wie hoch der Gewinn ist, den das Wirtstier aus der in ihm lebenden Pflanze zieht, geht aus der Beobachtung Brandts hervor, der feststellen konnte, daß die Wirte sich nur solange wie andere Tiere durch Aufnahme von festen organischen Stoffen ernähren, solange sie gar nicht oder nur spärlich von Algen besiedelt sind. „Sobald sie aber genügende Mengen von Algen enthalten, ernähren sie sich wie Pflanzen durch Assimilation von anorganischen Stoffen.“ Diese Dienste werden indessen den mit Algen vergesellschafteten Tieren nur bei Tage und unter dem Einfluß des Lichtes geleistet. Bei Nacht benehmen sich die Pflanzenzellen wie echte Parasiten, indem sie auf Kosten ihrer Wirte atmen und wohl auch einen Teil ihrer bei Tag assimilierten Substanzen verzehren. Die parasitisch lebenden Algen machen ihren Wirt in bestimmtem Maße unabhängig von äußeren Ernährungsbedingungen, und es ist charakteristisch, daß solche Vergesellschaftungen besonders bei festsitzenden Tieren oder bei frei flottierenden pelagischen Formen angetroffen werden, die nicht in der Lage sind, ihrer Beute nachzujagen, diesen Tieren werden durch ihre pflanzlichen Insassen viel unabhängigere Lebensbedingungen geschaffen.

Die Assimilation der Kohlensäure wird indessen bei Tieren nicht nur durch grüne, Chlorophyll führende Algen vermittelt, es gibt auch Vergesellschaftungen, in denen gelben Farbstoff enthaltende Pflanzenzellen die Rolle der assimilierenden Organe übernehmen. Hauptsächlich sind es die Radiolarien, bei denen die sogenannten gelben Zellen schon lange in ihrer physiologischen Wichtigkeit erkannt sind. Bei den Kolonien bildenden Formen dieser Organismengruppen sind es nur die älteren Kolonien, die mit gelben Algen in Symbiose leben, und auch hier sind die Tiere dadurch der Notwendigkeit enthoben, selbst Nahrung aufzunehmen.

Es gibt also Tiere, die imstande sind, sich durch die Vergesellschaftung mit assimilierenden Pflanzen wenigstens zeitweilig zu ernähren, geradeso wie es pflanzliche Organismen, bestimmte Pilzarten gibt, die selbst nicht assimilieren, aber im Bunde mit grünen Algen, als Flechten, die Kohlensäure der Luft verwerten können. Auch in solchen symbiotischen Verhältnissen spricht sich in beiden Reichen ein ausgesprochener Parallelismus aus.

Sollte nun der tierische Organismus in allen Fällen bei der Verwertung der Kohlensäure in der Atmosphäre auf die Intervention der Pflanze angewiesen sein, oder gibt es auch im Tierreich Vertreter, die aus eigener Kraft im Sonnenlicht oder aus einer anderen Energiequelle schöpfend die Umwandlung anorganischer Nahrung in organische Substanz vollziehen? Gibt es auch im Tierreich assimilierende Gewebe? Brandt beantwortet diese Frage in negativem Sinne, nach seiner Meinung ist nur die Pflanze imstande, anorganische Materie in organische überzuführen, die Tiere können sich, da sie kein Chlorophyll besitzen, nur von organischen Stoffen aufbauen. Wo Chlorophyll im Tierreich sich findet, da verdankt es einzelligen Algen sein Dasein.[1]

Von Erwägungen rein theoretischer Art ausgehend, meint indessen ein anderer Forscher, Brandes, die Wahrscheinlichkeit einer Kohlensäureassimilation durch tierische Organismen sei nicht von vornherein zu bestreiten. Er stützt seine Auffassung auf verschiedene Versuche, die an Würmern ausgeführt wurden und das Vorhandensein von Gewebe fast notwendig macht, das den Wurm befähigt, das Baumaterial für seinen Körper der Luft zu entnehmen. So haben die Versuche von Korschelt z. B. gezeigt,[2] daß sich der Regenwurm aus drei Gliedern zu einem Tiere von über 100 Gliedern regenerieren kann, ohne daß durch die Bildung einer Mundhöhle eine Aufnahme von Nahrung ermöglicht ist, und ohne daß der Wurm durch größere Mengen von in seinem Gewebe abgelagerten Fettes über einen erheblichen Fond von Reservestoffen zu verfügen hätte. Brandes nimmt an, daß in diesem Fall dem wachsenden Regenwurm das Baumaterial zur Regeneration seines Körpers unbedingt auf assimilatorischem Wege zugeführt worden sei. Dasselbe gilt nach seiner Auffassung für Blutegel, die jahrelang hungern können und dabei lebenskräftig bleiben, selbst wenn sie sich während dieser Fastenzeit

[1] K. Brandt, Über das Zusammenleben von Tieren und Algen. *Verhandlungen der physiolog. Gesellschaft.* Berlin 1881. — *Biologisches Zentralblatt.* I. Nr. 17. S. 524. — Über die morphologische und physiologische Bedeutung des Chlorophylls bei Tieren. *Archiv für Anatomie und Physiologie.* 1882. Physiol. Abtlg. — *Mitteilungen der Zoologischen Station Neapel.* IV. 1883. S. 191—302.

[2] Korschelt, Über das Regenerationsvermögen der Regenwürmer. *Sitzungsberichte der Gesellschaft zur Förderung der gesamten Naturwissenschaften.* Marburg 1897. S. 85 und *Zoolog. Versammlung in Heidelberg 1898.*

lebhaft bewegen. Als assimilierendes Gewebe glaubt Brandes die Chloragogenschicht bezeichnen zu können, eine Schicht beweglicher und mit Farbstoffen erfüllter Wanderzellen, die bei diesen Würmern als Exkretionsorgane eine Rolle spielen.

Besonders überraschend waren die Beobachtungen, die Geddes[1] in dem Laboratorium in Roscoff mit Strudelwürmern, der Planaria convoluta Schultzii angestellt hat. Geddes fand die Tierchen bei sonnigem Wetter auf dem weißen Sande des Strandes, wo sie meist nur von einer wenige Zentimeter hohen Wasserschicht bedeckt waren. Auch in Aquarien verbracht, hielten sich die Würmer stets an der dem Lichte zugekehrten Fläche des Gefäßes auf, ein Verhalten, das z. B. auch bei der Hydra beobachtet wird. Direktes Sonnenlicht regte die Bewegungen der Tiere in ausgesprochener Weise an, und Geddes beobachtete, daß von ihrem Körper nach kurzer Zeit Gasblasen aufstiegen, wie es bei grünen Algen beobachtet wird. Die Analyse des Gases ergab, daß dasselbe keine Kohlensäure enthielt und neben Stickstoff aus 43—52 Proz. Sauerstoff bestand. Die Planarien waren so sehr vom Lichte abhängig, daß sie der Aufenthalt in einem dunklen Raume schon nach 3—4 Tagen tötete. Im Körper der Convoluta ließ sich die Gegenwart echten Chlorophylles und die Bildung von Stärke nachweisen. Bei einem anderen Strudelwurm der Vortex viridis zeigte sich, daß er, im Dunkeln gehalten, seine grüne Färbung verlor und etiolierte genau wie eine vom Licht abgeschlossene Pflanze. Es wurde allerdings auch hier angenommen, daß mit dem Wurm vergesellschaftete Algen den photosynthetischen Prozeß vermitteln. Einige Jahre später, 1883, gab Macchiati[2] an, daß die Aphiden (Blattläuse) Chlorophyll enthalten und Assimilationsvermögen besitzen. Die Berechtigung oder Nichtberechtigung dieser Behauptung ist nicht näher geprüft worden. Zu derselben Zeit hatten zwei Forscher van Tieghem[3] und Engelmann[4] unter den Einzelligen assimilierende Tiere entdeckt. Der Fall von Kohlensäurezerlegung, den van Tieghem nachgewiesen hatte, betraf eine grüne Flagellatenform, ein im Seewasser von Roscoff vorkommendes Geißeltierchen, die Dimystax Perrieri. Dieselbe produzierte im Lichte Sauerstoff und gab damit zu erkennen, daß in ihrem Körper wie im Organismus

---

[1] Geddes, Sur la fonction de la Chlorophylle avec les Planaires vertes. *Compt. rend.* 1879. LXXXVI. p. 1095—1097.

[2] Macchiati, *Inst. Jahresber.* 1883. Bd. I. S. 66. Zitiert nach Czapek, *Biochemie der Pflanzen.* Bd. I. S. 484.

[3] van Tieghem, *Bull. soc. bot. France.* 1880. T. XXVII. p. 130. Zitiert nach Czapek, *Biochemie der Pflanzen.* Bd. I. S. 487.

[4] Engelmann, Über tierisches Chlorophyll. Pflügers *Archiv.* 1883. XXXII. S. 80—96.

der grünen Pflanzen Kohlensäure aufgenommen und wie dort unter Abscheidung von Sauerstoff verarbeitet wurde.[1]

Nicht minder wichtig war die Engelmannsche Entdeckung an einem Glockentierchen der Vorticella campanula verwandt, dessen Ectoplasma von diffus grüner Färbung war. Der Farbstoff war ganz und gar auf die Rindenschicht des Vorticellenkörpers beschränkt. Mittels seiner außerordentlich empfindlichen Bakterienmethode zeigte Engelmann, daß das grüne Glockentierchen im Lichte Sauerstoff abgab, was die Bakterien in lebhafte Bewegung versetzte. Wurde verdunkelt, so hörte die Sauerstoffabsonderung auf, und die Bakterienbewegung wurde gehemmt. Die Sauerstoffproduktion der Vorticellen war indessen geringer als bei mit Algen vergesellschafteten Tierformen, einmal wohl deshalb, weil das Sauerstoffbedürfnis des Glockentierchens größer ist als das der Pflanzen, andererseits weil der assimilierende Farbstoff in viel dünnerer Schicht vorhanden war, als es bei der Gegenwart von Chlorophyllkörnern der Fall ist. Wie bei der Pflanze war aber die Assimilationsenergie bei dem Glockentierchen am größten in dem roten Teil des Spektrums.

Die Untersuchung des grünen Farbstoffes ergab, daß derselbe von dem Blattgrün nicht zu unterscheiden war, er zeigte sich aber nicht an Chlorophyllkörner gebunden, sondern war, wie bereits erwähnt, in der Rindenschicht des Glockentierchens diffus verteilt. Bei einzelnen Tieren kam es vor, daß sich der Farbstoff zu dickeren Tropfen sammelte und im Spektroskop eine deutlich begrenzte Absorption im Rot, etwa zwischen B-C ergab. Diese Veränderung war jedoch krankhafter Natur, der so veränderte Farbstoff zeigte sich nicht mehr an lebendiges Plasma gebunden und entwickelte auch keine assimilatorische Tätigkeit mehr. Selbst wenn auch hier das Auftreten von grünem Farbstoff von aufgenommenem Chlorophyll abzuleiten wäre, so bleibt es, sagt Engelmann, doch unzweifelhaft, „daß es Tiere gibt, die mittels eines an ihr eigenes lebendiges Körperplasma gebundenen von Chlorophyll nicht zu unterscheidenden Farbstoffes im Licht Kohlensäure zu assimilieren vermögen, wie grüne Pflanzen.“ Es ist nach der Anschauung Engelmanns nicht wahrscheinlich, daß die grüne Vorticelle das einzige durch eigenes Chlorophyll assimilierende Tier ist; möglicherweise, sagte er, „entpuppen sich die im Entoplasma mancher Infusorien diffus verteilten Pigmente als echte assimilierende Chromophylle, dem Xanthophyll, Cyanophyll und Rhodophyll der Algen vergleichbar“. Engelmann schließt selbst die Möglichkeit nicht aus, daß sich in gewissen Fällen tierisches Plasma wirklich in Chromophyll-

[1] van Tieghem, a. a. O. und Czapek, *Biochemie der Pflanzen.* Bd. I. 1905. S. 487.

körperchen in „Pseudoalgen“ verwandelt hätte, und mahnt zur Vorsicht, „jedes beliebige in einem Tier vorkommende gefärbte Körperchen, das einer Alge ähnlich sieht und im Lichte Sauerstoff entwickelt ohne weiteres für einen Gast vegetabilischer Herkunft zu halten.“ Wie sehr Engelmann im Recht ist, wenn er davor warnt, den Tieren die Fähigkeit, die Kohlensäure der Luft in ihrem Organismus zu verwerten, von vorneherein abzusprechen, zeigen außer den folgenden Untersuchungen an Schmetterlingspuppen eine Reihe von Beobachtungen, die an vielzelligen Tieren ausgeführt worden sind.

Eine Aufnahme von Kohlensäure im tierischen Organismus tritt vorzüglich dann ein, wenn dieses Gas in der das Tier umgebenden Luft, oder in dem von ihm bewohnten Wasser in relativ höherer Konzentration enthalten ist, und bei der Atmung, sei es mit der atmosphärischen Luft, oder mit dem Atmungswasser den Körpersäften zugeführt wird. Die physiologische Wirkung einer solchen Übersättigung des Körpers mit Kohlensäure ist bei den verschiedenen Tierklassen eine ganz verschiedene. Während z. B. bei Säugetieren und Vögeln ein Gehalt der Atmosphäre an Kohlensäure von 10 Proz. schon genügt, um das Leben ernstlich zu gefährden und bei einem noch höheren Gehalt der Tod unter den Erscheinungen der Betäubung eintritt, sind die kaltblütigen Tiere und die Wirbellosen in der Lage, dieselben Mengen des für die anderen Tiere giftigen Gases, ohne Schaden zu ertragen.

Ganz besonders ist dies bei Wirbellosen der Fall, die sich der Luftkohlensäure gegenüber ganz ähnlich verhalten, wie die Pflanzen, die unter bestimmten Bedingungen durch einen erhöhten Gehalt der Luft an Kohlensäure nicht nur nicht geschädigt werden, sondern daraus Nutzen ziehen. Auch bei der Pflanze kann die Gegenwart von Kohlensäure in der Luft giftig wirken. Dies ist einmal der Fall, wenn die Konzentration des Gases 10 Prozent übersteigt, oder wenn eine geringere Menge auf die Pflanze bei Lichtabschluß einwirkt. Während bei einem Kohlensäuregehalt der Pflanze, der nicht über 10 Prozent beträgt, die Assimilationstätigkeit im Lichte eine ausgiebigere ist und die Pflanze schneller an Gewicht und an Trockensubstanz zunimmt als in gewöhnlicher atmosphärischer Luft, so erfahren ihre Lebensfunktionen bei größerer Konzentration des Gases eine Reduktion wie bei dem Tier. Sobald aber die Reizbarkeit des Plasmas gelähmt wird, sistiert auch die Assimilationstätigkeit, weil die von der lebenden Substanz absorbierten Kohlensäuremengen nicht mehr verarbeitet werden können.

Solange die Pflanze imstande ist, die bei der Atmung aufgenommenen Kohlensäuremengen zu spalten und daraus organische Substanz zu bereiten, arbeitet sie natürlich einer Kohlensäurevergiftung entgegen, das giftige Gas kann seine Wirkung nicht mehr entfalten, weil es in dem Assimilationsapparat sofort in andere Verbindungen übergeführt wird. Sobald ihr Organismus hierzu nicht mehr imstande ist, sei es, weil die Kohlensäuremenge eine zu große geworden ist, oder weil die äußeren Bedingungen, die den Assimilationsprozeß ermöglichen, andere geworden sind, wenn z. B. die Energiequellen, die den Spaltungsprozeß vollziehen, versagen, fällt auch die Pflanze wie das Tier der Kohlensäurevergiftung zum Opfer.

„Im Schatten," sagt de Saussure,[1] „ist die kleinste Menge von Kohlensäure den Pflanzen schädlich," und in der Sonne ziehen die Pflanzen aus der Luft in geringen Mengen beigemischte Kohlensäure nur dann, wenn ihnen auch freier Sauerstoff zur Verfügung steht. „Die Pflanzen, welche in Stickstoff lebensfähig bleiben können, sterben auch in der Sonne, wenn man die Menge Kohlensäure zufügt, welche die Entwicklung in atmosphärischer Luft begünstigt." Die Pflanze kann also nicht mehr assimilieren, wenn der Atmungsprozeß gehemmt wird, wenn wir ihr den Sauerstoff entziehen.

In sehr anschaulicher Weise zeigt das Experiment von R. Dubois[2] die Wirkung größerer Kohlensäuremengen auf den Organismus der Mimosa pudica. Wurde die Pflanze unter eine Glasglocke gebracht, in die ein Kohlensäurestrom eingeleitet war, so bemerkte man nach 6 Stunden, daß die Blättchen Schlafstellung einnahmen und reaktionslos wurden. Sobald die Mimosa am folgenden Tag in atmosphärische Luft verbracht wurde, kehrte auch die Reaktions- und Bewegungsfähigkeit der Blätter wieder. Bei längerem Aufenthalt in Luft mit hohem Kohlensäuregehalt welken die Blätter. De Saussure stellte fest, daß Pflanzen in reiner Kohlensäureatmosphäre sofort zu welken anfingen, bei 50 Prozent des Gases in der Luft hörten die Pflanzen nach sieben Tagen auf zu wachsen, bei 25 Prozent Kohlensäure gediehen die Pflanzen wenig, bei 8—9 Prozent gediehen die Pflanzen besser als in atmosphärischer Luft. Ein längerer Aufenthalt in kohlensäurereicher Luft wirkt indessen nicht in derselben Weise fördernd auf die Pflanzen ein, wie ein kürzerer, er veranlaßt abnorme Wuchsformen, die Pflanze büßt das Vermögen zu blühen ein und zeigt damit an, daß sie auf den gewöhnlichen Gehalt der Luft an Kohlensäure abgestimmt ist.

---

[1] de Saussure, *Chemische Untersuchungen über die Vegetation.* 1804. I. Hälfte.

[2] R. Dubois, Narcose provoquée et Autonarcose spontanée chez les végétaux. *Notes de physiologie. Soc. Linnéenne de Lyon.* p. 28.

Wir werden aus den folgenden Experimenten an Schmetterlingspuppen ersehen, daß diese Tiere sich gegenüber der Kohlensäure ganz ähnlich verhalten wie die Pflanzen, daß sie die Pflanzen an Widerstandsfähigkeit dem Gas gegenüber noch übertreffen.

Besonders überraschend war für mich die Beobachtung, daß sich Schmetterlingsraupen und Puppen über 24 Stunden in reiner Kohlensäureatmosphäre aufhalten können, ohne ihre Lebens- und Entwicklungsfähigkeit einzubüßen. Die momentane Einwirkung des Kohlensäuregases war, wie bei der Pflanze und wie es auch die Experimente mit höheren Tieren ergeben, eine ausgesprochen narkotische. Die Raupen, Puppen und Falter, mit denen experimentiert wurde, verfielen beim Einleiten der Kohlensäure verhältnismäßig schnell in einen Zustand der Betäubung, indem die willkürlichen Bewegungen aufgehoben waren, während die Reflexe noch längere Zeit fortbestanden. Wurden die Insekten nach scheinbar vollständiger Betäubung wieder atmosphärischer Luft ausgesetzt, so kehrten auch die Lebensäußerungen wieder zurück und zwar waren es wieder die Reflexe, die zuerst ausgelöst wurden, während sich die willkürlichen Bewegungen etwas später einstellten. Raupen, die vor ihrer Verpuppung standen, wurden durch einen 10 bis 12stündigen Aufenthalt in Kohlensäure so wenig geschädigt, daß sie sich, als sie wieder normalen Verhältnissen ausgesetzt wurden, in gesunde Puppen verwandelten, aus denen normale Falter schlüpften. Ein längerer Aufenthalt in Kohlensäureatmosphäre wurde von den Puppen sehr gut ertragen, selbst wenn diese noch ganz frisch waren und sich also in ihrem empfindlichsten Stadium befanden. Allerdings entwickelten sich aus diesen frischen in Kohlensäureatmosphäre belassenen Puppen aberrativ gezeichnete und gefärbte Falter. Diese Veränderung im Kleid der Schmetterlinge ist aber keine spezifische Wirkung der Kohlensäureatmosphäre, sondern sie ist der Sauerstoffentziehung zuzuschreiben. Ich schließe dies daraus, daß auch in reinem Stickstoff im Puppenorganismus ähnliche Veränderungen vor sich gehen.

In einer Atmosphäre von 8 bis 12 Prozent Kohlensäure können Schmetterlingspuppen monatelang leben, ohne Schaden zu nehmen. Sie nehmen in dieser Zeit nicht nur nicht an Gewicht ab, wie es bei den in atmosphärischer Luft befindlichen Puppen der Fall ist, sondern sie werden sogar schwerer, eine Tatsache, auf die wir noch später ausführlich zurückkommen werden.

Auch in der freien Natur befinden sich die Puppen der Schmetterlinge und zwar namentlich auch die überwinternden Formen in einer Umgebung mit sehr viel höherem Kohlensäuregehalt als der der Atmosphäre. Ich erinnere an die Puppen, die sich mit einem dichten Kokon umgeben.

Nach den Untersuchungen Regnards[1] befinden sich solche Schmetterlingspuppen stets in einer Kohlensäureatmosphäre von 2 Prozent. Aber auch die Raupen, die sich in die Humusschichten des Waldbodens eingraben, sind von kohlesäurereichen Luftschichten umgeben, da bekanntlich der Kohlensäuregehalt des Erdbodens bis zu 10 Prozent betragen kann.

Genau wie bei den Pflanzen, so sind es auch bei den Tieren äußere und innere Momente, die den Kohlesäureassimilationsprozeß, da wo ein solcher zum Ausdruck kommt, beeinflussen. Wir finden auch hier, daß dem Aufenthaltsort, der Jahreszeit und der physiologischen Disposition eine große Rolle bei dem Hervortreten der Assimilationsphenomene zuzuschreiben ist, und daß diese Prozesse da die deutlichsten Spuren hinterlassen, wo der Organismus ihrer am meisten bedarf.

Die Kohlensäure, d. h. der in ihr enthaltene Kohlenstoff kann im Organismus lebender Wesen auf doppelte Weise Verwendung finden. Einmal indem derselbe zur Bildung anorganischer Substanzen Veranlassung gibt und die Entstehung von Karbonaten, wie sie bei niederen Pflanzen und Tieren in den Kalkpanzern, bei höheren Tieren im Knochenskelett enthalten sind, begünstigt. Andererseits kann er zum wichtigen Baustein bei der Entstehung organischer Substanzen werden, indem aus ihm Nährmaterial aufgebaut wird. Während der aus der Luft stammende Kohlenstoff im ersteren Fall als totes Material im äußeren oder inneren Skelett der Tiere zur Abscheidung kommt, wird er im zweiten Fall organisiert, d. h. in lebende Masse verwandelt.

Wie die im Meere lebenden Krustaceen die Kohlensäure dem Wasser entreißen und zum Aufbau ihres Panzers verwenden, darüber hat uns Bohn sehr interessante Tatsachen mitgeteilt.[2]

Er stellte seine Versuche mit einer Krabbe der Gonoplex rhomboides an, die in der Bucht von Arcachou in einer Tiefe von 15 bis 50 m lebt. Er fand, daß die Fähigkeit, Kohlensäure aus dem Wasser aufzunehmen, bei dieser Küstenkrabbe besonders auffallend ausgebildet ist und zwar namentlich zu derjenigen Jahreszeit, wo das Tier einen neuen Kalkpanzer bildet. Bohn wies nach, daß ein Teil der absorbierten Kohlensäure tatsächlich zur Bildung von Karbonaten, die im Panzer angelagert werden, Verwendung findet, während ein anderer Teil im Körper aufgespeichert wird.

Auch in anderen Fällen ist eine Aufspeicherung der Kohlensäure im tierischen Organismus unter normalen physiologischen Verhältnissen be-

---

[1] M. T. Regnard, Sur la qualité de l'air contenu dans les cocons des vers à soie. *Comptes Rendus de la Soc. de Biologie.* 1888. T. XL. p. 787, 788.

[2] M. G. Bohn, De l'absorption de l'anhydride carbonique par les Crustacés décapodes. *Soc. Biol. Paris.* 5. Nov. 1898.

obachtet worden. Es ist ja bekannt, daß die von den Tieren bei der Atmung abgegebene Kohlensäuremenge nicht immer so groß ist wie die Menge des aufgenommenen und zur Verbrennung verwendeten Sauerstoffes. Das Verhältnis der Kohlensäure zum Sauerstoff, $CO_2 : O_2$, der respiratorische Quotient, ist meist kleiner als 1, so daß daraus geschlossen werden kann, daß entweder der fehlende Teil als Sauerstoff, oder als Kohlensäure, oder als ein Umwandlungsprodukt der letzteren in den Geweben aufgespeichert wurde. Es kann aus sauerstoffärmerem Material sauerstoffreicheres geworden sein, wie es z. B. bei der Umwandlung des Fettes in Kohlenhydrate (Fettmast) der Fall ist. Es kann auch der Sauerstoff lockere chemische Verbindungen eingehen und nicht sofort die zur Kohlensäurebildung führenden Verbrennungprozesse einleiten. Andererseits wurde beobachtet, daß die Gewebe der Tiere unter bestimmten Verhältnissen Kohlensäure in größeren Mengen aufzunehmen und aufzuspeichern vermögen. Diese Tatsache ist namentlich auch von höheren Tieren bekannt, die sich im Winterschlaf befinden, und es ist beobachtet worden, daß diese Tiere unter solchen Verhältnissen auch an Gewicht zunehmen. Dubois[1] hat z. B. bei dem Murmeltier gefunden, daß seine Gewichtszunahme während des Winterschlafes einer Bereicherung der Gewebe und des Blutes an Kohlensäure zuzuschreiben sei. Ob die Kohlensäure hier gespalten wird und zur Bildung von Reservestoffen führt, ist noch unbekannt.

Trotz der van Tieghemschen und Engelmannschen Entdeckung, die unzweideutig zeigt, daß unter Umständen auch der tierischen Zelle das Vermögen, zu assimilieren, zukommt, wird die Möglichkeit, daß ein derartiger Prozeß sich auch im Organismus der Metazoen abspielen könnte, wohl heute noch allgemein verneint. Dieser ablehnende Standpunkt wird dadurch begründet, daß die gasanalytischen Untersuchungen des Atmungsstoffwechsels, die namentlich durch Regnault und Reiset[2] auf die verschiedensten Gruppen der Wirbellosen und der Wirbeltiere ausgedehnt worden sind, übereinstimmend Sauerstoffverbrauch und Kohlensäureproduktion ergeben haben. Es wurde aber bereits erwähnt, daß es auch bei der Pflanze nicht immer gelingt, den Assimilationsprozeß auf gasanalytischem Wege nachzuweisen, weil auch bei der assimilierenden Pflanze häufig die

[1] Raphael Dubois, Étude sur la thermogénèse et le sommeil chez les Mammifères, physiologie comparée de la Marmotte. (*Annales de l'Université de Lyon.*) 1896. — Sur l'augmentation de poids des animaux sommis au jeûne absolu. *Notes de Physiologie, présentées à la soc. Linnéenne de Lyon.* — Nouvelles recherches sur l'Autonarcose carbonique ou sommeil naturel. Critique de l'Acapnie. *Notes de Physiologie, présentées à la Soc. Lin. de Lyon.* 24. Juni 1901.

[2] Regnault et J. Reiset, Recherches chimiques sur la respiration des animaux des diverses classes. *Annales de Chim. et de Phys.* (3.) XXVI. 1849.

Atmungstätigkeit die Assimilationstätigkeit an Intensität übertrifft und der eine Vorgang den andern verdeckt.

Diese Schwierigkeiten, die sich bei der Untersuchung des Stoffwechsels der Pflanze in den Weg stellen, sind beim Tier naturgemäß noch erheblich größer, weil hier von den animalen Funktionen die Bewegung als eine die Verbrennung steigernde Ursache in den Vordergrund tritt. Das Tier besitzt im tätigen Muskel eine Stätte größten Sauerstoffverbrauchs und eine Quelle der Kohlensäureproduktion, die wir bei der Pflanze nicht annähernd in diesem Umfange kennen. Es wird somit beim Tier von vornherein ein Überwiegen des Atmungsprozesses über den Assimilationsprozeß, wenn überhaupt ein solcher bestehen sollte, stattfinden müssen. Das Tier wird normalerweise immer mehr Kohlensäure abgeben wie assimilierend zersetzen, und was bei der grünen Pflanze Ausnahme ist, wird hier zur Regel. Weil diese Schwierigkeiten bestehen und beim höheren Tiere bisher noch kein gasanalytischer Nachweis der Assimilationstätigkeit erbracht worden ist, sollte aber meines Erachtens die Möglichkeit einer solchen nicht von vornherein ausgeschlossen werden. Das Wesentliche bei dem sich im Pflanzenorganismus abspielenden Assimilationsprozeß ist die Reduktionssynthese. Reduktionssynthesen spielen sich aber, wie Pflüger[1] schon im Jahre 1875 in seiner klassischen Arbeit: „Über die physiologische Verbrennung in den lebenden Organismen" hervorhob, auch im tierischen Organismus ab. „Man kann nur sagen," schreibt Pflüger, „daß Reduktionsprozesse in beiden Reichen vorkommen und daß bei der Pflanze besonders starke derartige Arbeit in bestimmten Organen durch die Sonne geleistet wird" (S. 345). Wenn Unterschiede zwischen den physiologischen Leistungen der Vertreter beider Reiche bestehen, so sind sie nach der Anschauung des großen Physiologen nur gradueller, nicht prinzipieller Natur.

Dieser graduelle Unterschied, der sich in dem Überwiegen der Oxydationsvorgänge beim Tier offenbart, genügt schon, um einen gasanalytischen Nachweis der Assimilationsprodukte beim Tier zu verhindern, wenn nicht auch hier Ausnahmefälle eintreten, in denen der Assimilationsprozeß den der Atmung überwiegt, ebenso wie bei der Pflanze unter Umständen die Assimilationstätigkeit von der Atmung an Intensität übertroffen wird. Solche Ausnahmefälle werden wir im folgenden kennen lernen. Wir werden sehen, daß es vielzellige Organismen gibt, die Kohlensäure absorbieren und mit Hilfe des Sonnenlichts Sauerstoff abspalten können und denen, wie der Pflanze, die Fähigkeit zukommt, den aufgenommenen Kohlenstoff und Stickstoff in ihrem Organismus zu fixieren und in organische Substanz zu verwandeln.

[1] Pflügers *Archiv*. 1875. X. S. 345.

Die Assimilationstätigkeit bei Puppen und Raupen von Schmetterlingen.

Die Untersuchungen, deren Ergebnisse den Gegenstand dieser Abhandlung bilden, knüpfen sich an eine zufällige Beobachtung, die ich bei Gelegenheit von Experimenten gemacht habe, welche das Studium der Varietätenbildung bei Schmetterlingen zum Zweck hatten. Es war mir gelungen, durch Sauerstoffentziehung bei jungen Puppen des kleinen Fuchs (Vanessa urticae) und des Pfauenauges (Vanessa io) aberrativ gefärbte und gezeichnete Schmetterlinge zu erziehen.[1] Ich hatte zu diesem Zweck die Schmetterlingspuppen in nahezu reiner Kohlensäure oder Stickstoffatmosphäre gehalten, und es war mir dabei aufgefallen, daß die Tiere die Sauerstoffentziehung besonders gut aushalten konnten, wenn sie sich in Kohlensäureatmosphäre befanden. Ferner glaubte ich zu beobachten, daß die Kohlensäure in der Atmosphäre nach dem Versuche weniger konzentriert war, wie vorher und daß eine Verringerung des Luftvolumens einzutreten pflegte. Um über diesen letzten Punkt Gewißheit zu erlangen, brachte ich die Puppen in eine Absaugflasche *F* und verband die seitliche Öffnung der Flasche durch einen kleinen Schlauch mit einer Glasröhre *R*, die in ein mit Wasser gefülltes Gefäß *G* eintauchte. (Vgl. Fig. 1.) In der Regel wurde bereits in den ersten Stunden, nachdem das Experiment im Gange war, die Flüssigkeit in der Röhre emporgesaugt; bis zum Morgen hatte die Wassersäule ihren höchsten Stand erreicht und wurde dann wieder ausgestoßen, um gegen Abend aufs neue angesaugt zu werden. (Vgl. die beigegebene Kurve, Fig. 2, die den Verlauf des Experimentes innerhalb 24 Stunden veranschaulicht.) Da die Temperaturdifferenzen keine derartige waren, daß das Ansteigen des Wassers auf eine Zusammenziehung des Luftvolumens infolge thermischer Einflüsse hätte zurückgeführt werden können, da im Gegenteil die Luft in der Umgebung des Puppenbehälters morgens 22° C., und mittags, als das Aufsteigen der Wassersäule im Glasrohr begann, 24° C. betrug, so glaubte ich annehmen zu dürfen, daß die Wasserbewegung durch die Aufnahme und Abgabe von Gasen von seiten der

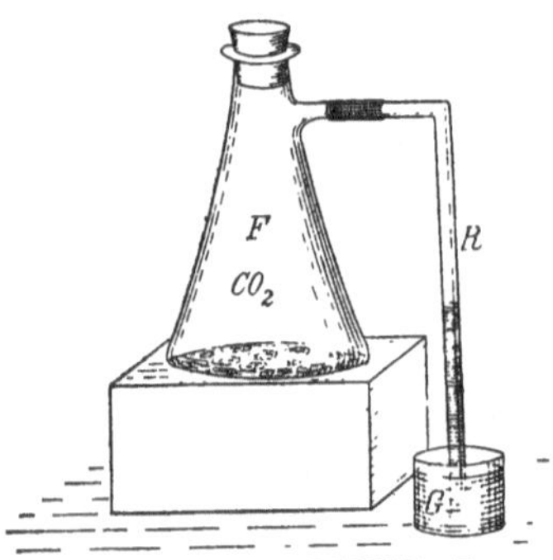

Fig. 1.

[1] Gräfin v. Linden, *Zeitschrift für wissenschaftliche Zoologie.* 1905. Bd. LXXXII. S. 411—444. 1. Taf.

Puppen verursacht sei. Der Vorgang erinnerte mich an ein ähnliches Verhalten bei assimilierenden Pflanzen, bei denen ebenfalls negative und positive Gasspannung wechselt, je nachdem sie atmen oder assimilieren.[1]

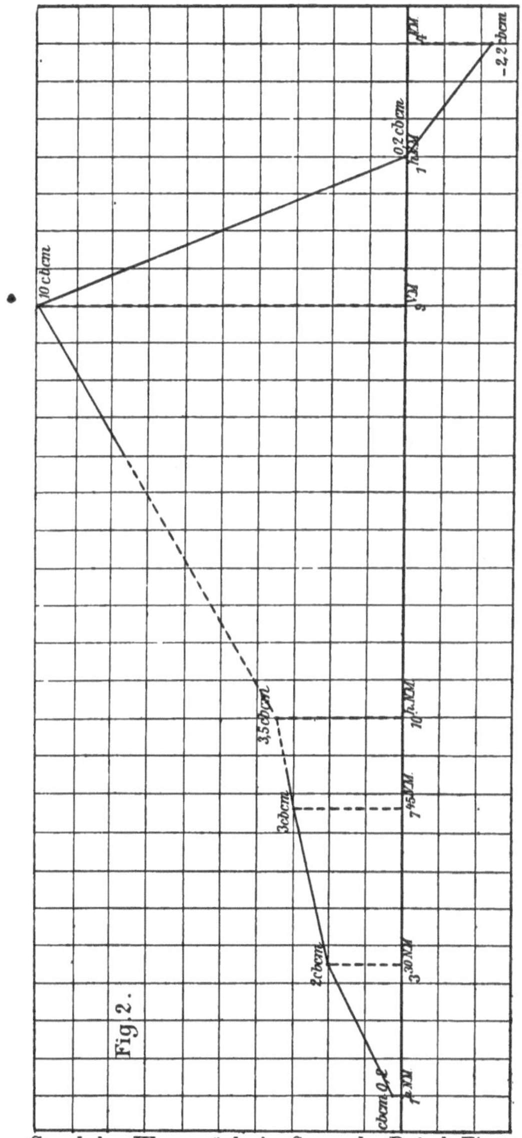

Stand der Wassersäule im Saugrohr R (vgl. Fig. 1).

Fig. 2.

Die Ordinaten zeigen die Wassermenge an, die in der auf der Abszissenachse abgetragenen Zeit von den Puppen aufgesaugt wurde.

[1] Pfeffer, *Pflanzenphysiologie.* Stoffwechsel. 1897. Bd. I. S. 181.

Hier bei den Puppen schien die Aufnahme von Kohlensäure negativen Gasdruck und Ansteigen des Wassers in der Röhre, die Zersetzung derselben, wenn überhaupt eine solche stattfand, positiven Gasdruck und Fallen der angesaugten Wassersäule zur Folge zu haben. Jedenfalls glaubte ich mit ziemlicher Sicherheit auf eine Absorption von Kohlensäure von seiten der Tiere schließen zu dürfen. Den Einwand, daß die Erscheinung auf Diffusion beruhe, dachte ich dadurch entkräftet zu haben, daß ich denselben Versuch mit Papierschnitzeln (weißes Filtrierpapier) statt Puppen angestellt hatte, aber ohne positiven Erfolg. In der Annahme einer Kohlensäureabsorption von seiten der Tiere wurde ich noch bestärkt, als es sich aus Wägungen der Puppen ergab, daß die in kohlensäurereicher Luft befindlichen Tiere weniger an Gewicht abnahmen, in einzelnen Fällen selbst eine merkliche Gewichtszunahme zu verzeichnen hatten, als die unter normalen Bedingungen sich befindlichen gleichalten Puppen. Im folgenden seien die Ergebnisse eines Teiles dieser Wägungen mitgeteilt:

In atmosphärischer Luft:

Serie I v. 30. VII. bis 31. VII. v. 6 Uhr nachm. bis 6 Uhr nachm. = 24 Stunden Versuchsdauer, Abnahme . . . . = 0·028 grm

Serie Ia v. 30. VII. bis 31. VII. v. 6 Uhr nachm. bis 6 Uhr nachm. = 24 Stunden Versuchsdauer, Abnahme . . . . = 0·034 „

Serie I v. 31. VII bis 1. VIII. v. 6 Uhr nachm. bis 4 Uhr nachm. = 22 Stunden Versuchsdauer, Abnahme . . . . = 0·049 „

In kohlensäurereicher Luft:

Serie Ia v. 31. VII. bis 1. VIII. v. 6 Uhr nachm. bis 4 Uhr nachm. = 22 Stunden Versuchsdauer, Abnahme . . . . = 0·013 „

In atmosphärischer Luft:

Serie I v. 1. VIII. von 4 Uhr nachm. bis 7 Uhr nachm. = 3 Stunden Versuchsdauer, Abnahme . . . . . = 0·015 „

Serie Ia v. 1. VIII. von 4 Uhr nachm. bis 7 Uhr nachm. = 3 Stunden Versuchsdauer, Abnahme . . . . . = 0·019 „

Serie II v. 30. VII. bis 31. VII. von 6 Uhr 30 Min. nachm. bis 5 Uhr 40 Min. nachm. = 23 Stunden Versuchsdauer, Abnahme . . . . = 0.027 „

Serie IIa v. 30. VII. bis 31. VII. von 6 Uhr 30 Min. nachm. bis 5 Uhr 40 Min. nachm. = 23 Stunden Versuchsdauer, Abnahme . . . . = 0·032 „

Serie II v. 31. VII. bis 1. VIII. von 5 Uhr 40 Min. nachm. bis 4 Uhr nachm. = 22·5 Stunden Versuchsdauer, Abnahme = 0·032 „

In kohlensäurereicher Atmosphäre:

Serie IIa v. 31. VII. bis 1. VIII. von 5 Uhr 40 Min. nachm. bis 4 Uhr nachm. = 22·5 Stunden Versuchsdauer, Abnahme = 0·003 „

In atmosphärischer Luft:

Serie II v. 1. VIII. von 4 Uhr nachm. bis 7 Uhr nachm. = 3 Stunden Versuchsdauer, Abnahme . . . . . = 0·007 „

Serie IIa v. 1. VIII. von 4 Uhr nachm. bis 7 Uhr nachm.
= 3 Stunden Versuchsdauer, Abnahme . . . . . . = 0·017 grm
Serie III v. 7. VIII. $7^3/_4$ Uhr nachm. bis 8. VIII. 11 Uhr vorm.
= $15^1/_4$ Stunden Versuchsdauer, Abnahme . . . = 0·075 „

In kohlensäurereicher Luft:
Serie IIIa v. 7. VIII. $7^3/_4$ Uhr nachm. bis 8. VIII. 11 Uhr vorm.
= $15^1/_4$ Stunden Versuchsdauer, Zunahme . . . = 0·050 „

Dieses Verhalten der Puppen zur Kohlensäure überraschte mich in hohem Maße. Wohl konnte die weniger große Gewichtsabnahme auf eine Hemmung der respiratorischen Vorgänge durch die Kohlensäurenarkose zurückgeführt werden, eine Gewichtszunahme der Puppen ließ sich indessen auf diesem Wege nicht verstehen. Ich stellte mir daher die Frage, ob der Puppenorganismus am Ende dazu befähigt sei, die Kohlensäure in seinem Haushalt in ähnlicher Weise zu verwerten wie die Pflanze. Neben einer bejahenden Antwort auf die Frage der Kohlensäureabsorption ergaben die Experimente auch interessante Resultate über das Verhalten der Puppenatmung in verschiedenen Gasgemengen und in atmosphärischer Luft bei Sommer- und Winterpuppen. Auf diese letztgenannten Ergebnisse werde ich indessen hier nur kurz eingehen können.

Gasanalytischer Nachweis einer Aufnahme von Kohlensäure in den Puppenorganismus.

Die Versuchsanordnung bei den Respirationsexperimenten.

1. Beschreibung der verwendeten Puppenbehälter.

Die zu den Experimenten bestimmten Puppen wurden in Gassammelpipetten (Figg. 3 und 4) von verschiedenem Inhalt eingelegt. Die Pipetten

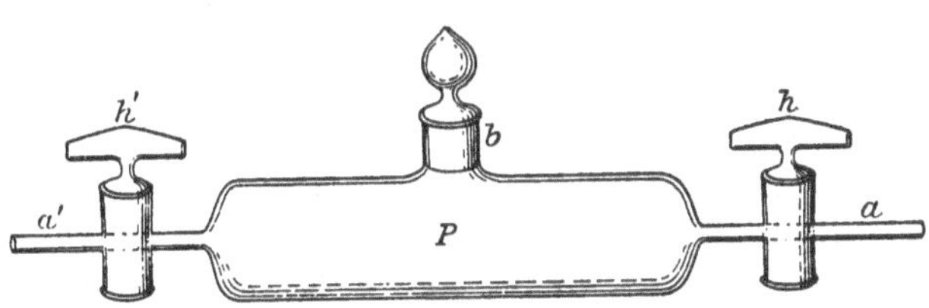

Fig. 3.

waren an beiden Enden zu Röhren *a a'* ausgezogen, die den Ansatz für Schlauchverbindungen bildeten und durch eingeschliffene Glashähne *h h'* mit einfacher Durchbohrung verschlossen wurden. In der Mitte der Gassammelpipette befand sich ein Ausschnitt *b*, durch den die Puppen in den Puppenraum *P* eingeführt werden konnten und der durch einen eingeschliffenen Glasstöpsel zu verschließen war. Von diesen Puppenbehältern hatte ich zwei einfache von einem Kubikinhalt von 129·7 ccm wie Fig. 3 bzw. 159·3 ccm, und zwei Doppelgefäße, wie Fig. 4, deren beide Teile durch ein kurzes, möglichst weites Zwischenstück *z z'* verbunden waren. Die Verbindung

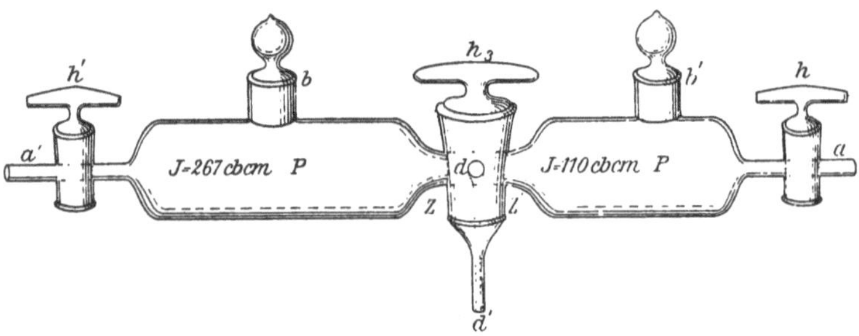

Fig. 4.

konnte durch einen geschwänzten Hahn h_3 mit doppelter Bohrung in den Richtungen *d d'* und *z z'* unterbrochen werden, und ebenso war es möglich, jeden der beiden Behälter getrennt mit Gas zu füllen bzw. zu entleeren. Bei dem zweiten Doppelgefäß waren die Behälter nicht zylindrisch, sondern kuglig gebaut. Von diesen Doppelgefäßen hatte das eine einen Rauminhalt von: 63·2 bzw. 97·75 ccm, die beiden Behälter getrennt ausgemessen, das größere (Fig. 4) einen solchen von 267 bzw. 110 ccm. Die völlige Dichtung der eingeschliffenen Hähne und Stopfen an den Gefäßen wurde durch Einfetten derselben mit sogen. Exsikatorenfett erreicht.

2. Einfüllen des Gases in den Puppenbehälter.

War nun eine abgewogene Anzahl Puppen in einen atmosphärische Luft enthaltenden Behälter eingelegt, so wurden, je nachdem die Atmung derselben in atmosphärischer Luft, oder in einem anderen Gas oder Gasgemenge untersucht werden sollte, die an beiden Enden des Puppenbehälters befindlichen Hähne *a a'* geschlossen, oder aber das Gefäß mit der das gewünschte Gas enthaltenen Flasche *F* mittels Gasschlauchs in Verbindung gesetzt, vgl. Fig. 5. Der Gasstrom wurde unter dem Druck des in der Flasche *F* befindlichen Wassers durch den Puppenbehälter *P* hindurchgeleitet. Nach etwa 10 Minuten, nachdem man annehmen konnte, daß die atmosphärische Luft aus dem Behälter verdrängt sei, wurde das eine Ende des Puppengefäßes *a* mit einer mit Wasser gefüllten Hempelschen Meßburette *m* verbunden und 100 ccm Gas aus dem Puppenbehälter, der noch immer mit den das Gas enthaltenden Druckflaschen *F F'* in Verbindung stand, in die Meßbürette eingeleitet. Hierauf wurden die Hähne *h—h' h''*

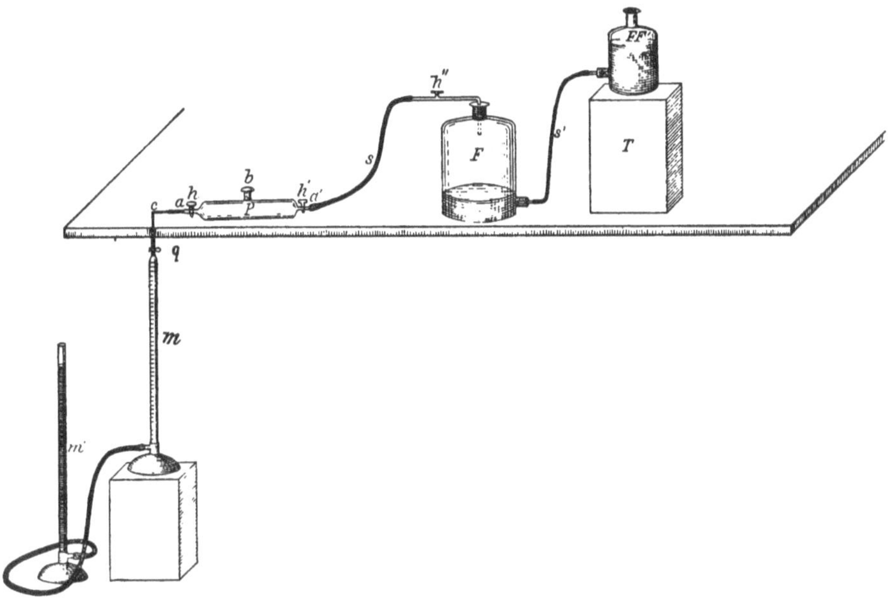

Fig. 5.

und der Quetschhahn *q* geschlossen, der Puppenbehälter *P* aus seiner Verbindung gelöst, und nachdem durch kurzes Öffnen eines der Hähne *h h'* Atmosphärendruck in dem Puppenbehälter hergestellt war, blieben die Puppen sich selbst überlassen, so lange, als man den Versuch ausdehnen wollte.[1]

[1] Es mag bei dieser Versuchsanordnung der Einwurf gemacht werden, daß den natürlichen Bedingungen nicht genügend Rechnung getragen war, weil die Atmung nicht im Luftstrom, sondern im abgesperrten Raum vor sich ging, allein auch Regnault[a]) und P. Bert[b]) haben bei Insekten mit Erfolg diese Versuchsanordnung gewählt, die namentlich für die genaue Bestimmung des am Anfang und am Ende der Versuche in dem Gefäß enthaltenen Luftvolumens große Vorteile bietet, eine Bestimmung, die für das Gesamtergebnis des Gaswechsels von sehr großer Bedeutung ist. Auch war das Verhältnis der atmenden Oberflächen zum Gesamtluftgehalt doch immer so groß und die Versuchsdauer nicht lang genug, um die Quelle beträchtlicher Fehler zu werden.

a) Regnault et Reiset, S. 483. Vgl. Zitat auf S. 18.

b) Paul Bert, Observation sur la respiration du Bombyx du murier à ses différents états. *Compt. Rend. soc. Biol.* 1885. p. 528—530.

3. Analyse der Luft im Puppenbehälter vor und nach der Atmung.

Die Analyse des bei Beginn und am Schluß jedes Versuchs in der Meßbürette *m* aufgefangenen Gases wurde, um jede Berührung der Puppen mit Quecksilber zu vermeiden, nach dem Hempelschen Verfahren ausgeführt. Diese Vorsicht war geboten, da nach den Untersuchungen E. Quajats[1] die Lepidoptereneier ihre Entwicklungsfähigkeit bereits bei Anwesenheit sehr geringer Mengen von Quecksilberdämpfen vollkommen verlieren und es anzunehmen war, daß auch die Puppen nur ungünstig davon beeinflußt werden konnten. Außerdem wäre ein vollständiges Austreiben der Luft aus den Puppenbehältern mit Quecksilber überhaupt unausführbar gewesen. Eine Berührung mit Wasser hatte weder für die Schmetterlingspuppen noch für die Raupen irgendwelchen schädlichen Einfluß; sie trockneten rasch wieder ab und behielten nach wie vor ihre Beweglichkeit. Für die Bestimmung der Kohlensäure war das Übertreiben der Luft durch Wasser nicht ohne Bedenken, da letzteres bekanntlich eine sehr große Absorptionsfähigkeit für dieses Gas besitzt. Den etwa entstandenen Fehler hielt ich indessen dadurch kompensierbar, daß ich das Gas auch vor der Atmung mit Wasser in Berührung brachte, d. h. über Wasser analysierte. Bei gleicher Temperatur und Barometerstand mußte das Wasser, das vor dem Versuch an der Luft gestanden und sich also wahrscheinlich bereits mit Kohlensäure gesättigt hatte, vor der Atmung und nach der Atmung aus dem zur Analyse bestimmten Luftquantum gleichviel Kohlensäure entnehmen, so daß im Endresultat, die durch die Atmung bzw. durch Assimilation der Puppen veränderte Kohlensäuremenge dennoch richtig bestimmt werden konnte. Übrigens habe ich nie beobachtet, daß das in die Meßbürette eingefüllte Gasvolumen auch bei längerem Stehen über Wasser eine merkliche Volumenabnahme, die nicht auf Temperaturveränderungen zurückzuführen gewesen wäre, erfahren hätte, jedenfalls deshalb, weil das Wasser aus der Luft bereits Kohlensäure aufgenommen hatte und weil die absorbierende Oberfläche nur eine kleine war.

Bei den Analysen wurde zuerst die Kohlensäure über Kalilauge absorbiert. Die Lauge befand sich in einer Hempelschen Pipette (Fig. 6), die mit der Meßbürette durch enge Gummischläuche, in welche eine rechtwinklig gebogene Kapillarröhre *C* eingesteckt war, verbunden wurde. Vor dem Einsetzen der Kapillare wurden Kapillare und Gummischläuche mit Wasser gefüllt, um jedes Eindringen oder Entweichen von Luftbläschen zu vermeiden. Die Kohlensäureabsorption war bei konzentrierter Kalilauge nach 5 Minuten schon vollkommen beendet. Wurde das Gas, nachdem es

[1] E. Quajat, Recherches sur les produits de respiration des oeufs des vers à soie. *Arch. ital. d. Biol.* 1897. Vol. XXVII. p. 376.

in die Meßbürette übergeführt und gemessen war, nochmals über Kalilauge gebracht, so blieb sein Volumen unverändert. Nur bei verbrauchten Lösungen war ein mehr als zweimaliges Übertreiben zur Erreichung eines konstanten Volumens notwendig. Die Differenz aus dem ursprünglich in der Meßbürette enthaltenen Luftvolumen (100 ccm) und dem Volumen nach erfolgter Kohlensäureabsorption ergab den Gehalt des Gasgemenges an Kohlensäure. Die von Kohlensäure befreite Luft wurde nun in derselben Weise durch Heben des mit der Meßbürette durch einen Schlauch beweglich verbundenen Wasserstandrohrs in eine zweite, mit gelben Phosphorstäbchen angefüllte Hempelsche Absorptionspipette (Fig. 7) übergetrieben. Diese zweite Pipette besteht aus dem mit Wasser gefüllten Phosphorbehälter *A* und einer zweiten, mit diesem durch ein gebogenes röhrenförmiges Zwischenstück in Verbindung stehenden, kugelförmigen Erweiterung *B*, die das Wasser aufnimmt, das durch Einleiten des zu analysierenden Gases aus dem Phosphorreservoir verdrängt wird. Die Phosphorstäbchen, die nach dem Eindringen der Luft in den Behälter und dem Hinausdrängen einer entsprechenden Wassermenge in unmittelbare Berührung mit dem aus der Meßbürette übergeleiteten Luftquantum treten, verbrennen nun den in dem Gasgemenge enthaltenen Sauerstoff. Sofort auftretende weiße Nebel zeigen einerseits den Sauerstoffgehalt des Gases und die Funktionsfähigkeit des Phosphors an, andererseits beweisen sie die Abwesenheit von schweren Kohlenwasserstoffen, bei deren Gegenwart keine Verbrennung des Sauerstoffs über Phosphor stattfindet. Die Luft blieb jedesmal so lange über Phosphor stehen, bis die im Wasser löslichen Nebel von der, nach erfolgter Sauerstoffverbrennung in dem Phosphorbehälter wieder aufsteigenden Wassermenge absorbiert waren. Bei kühlerer Temperatur verschwanden die Nebel schneller wie bei höherer; durchschnittlich war die Sauerstoffabsorption innerhalb 20 Minuten beendigt, so daß keine Nebelbildung mehr zu beobachten war, wenn das Gas abermals über Phosphor geleitet wurde. Die Volumenabnahme, die das in der Meßbürette enthaltene Gas nach seinem Verweilen über Phosphor erfahren hatte, entsprach der in ihm enthalten gewesenen durch den Phosphor verbrannten Sauerstoffmenge. Die Differenz dieser Ergebnisse vor der Atmung und nach der Atmung waren der Veränderung gleich, die der Sauerstoffgehalt der verwendeten Luft durch die Atmungs- bzw. Assimilationsvorgänge erlitten hatte. Der in der Meßbürette

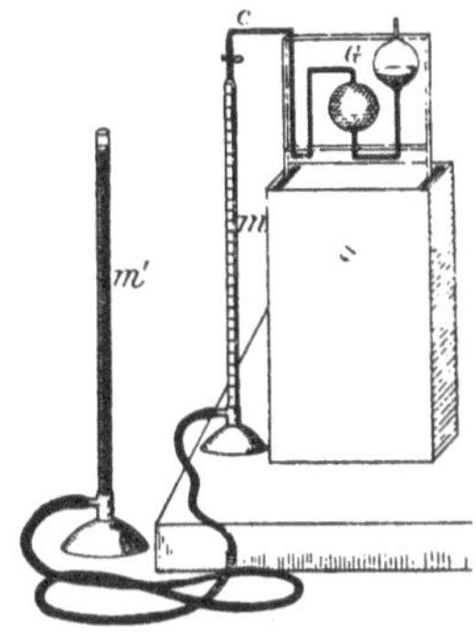

Fig. 6.

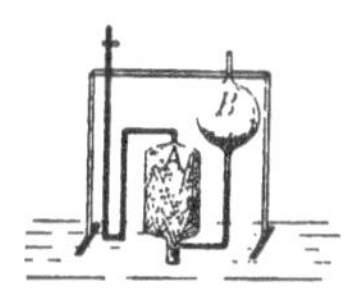

Fig. 7.

nach vollzogener Kohlensäure- und Sauerstoffabsorption zurückgebliebene Luftrest wurde als Stickstoff berechnet. Die Prüfung der Atmungsgase auf Kohlenoxyd ergab wiederholt ein negatives Resultat.

Bei jeder Analyse wurde die Temperatur und der Barometerstand notiert und darauf geachtet, daß die Gasmenge vor und nach der Atmung möglichst gleichlang über den Absorptionsmitteln verblieben, um etwaige Fehler, die durch längeres Verweilen über den Absorptionsmitteln entstehen konnten, auszuschalten. Die Resultate, das heißt, die durch die Analyse vor der Atmung und nach der Atmung gewonnenen Zahlen, wurden für 0° C. und 760 mm Quecksilberdruck berechnet, unter gleichzeitiger Berücksichtigung der Wasserdampftension, und auf das im Puppenbehälter bei Beginn und am Schluß des Experimentes enthaltene Gesamtvolumen bezogen. Ein Vergleich der für die verschiedenen Gase auf diesem Weg gefundenen Werte ergab nun die Größe der Atmungs- bzw. der assimilatorischen Tätigkeit der zu dem Experiment verwendeten Tiere.

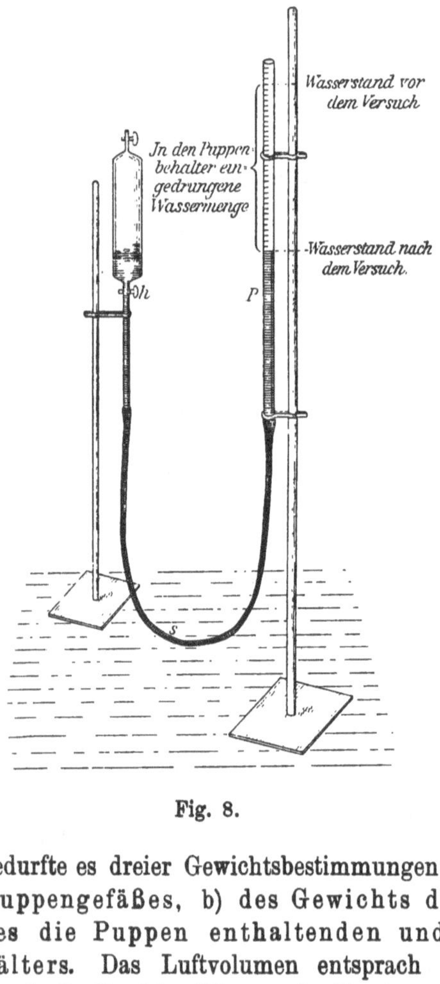

Fig. 8.

4. Bestimmung des Luftraums des Puppenbehälters vor und nach der Atmung.

Um die Größe des Luftraumes des die Puppen enthaltenden Behälters zu ermitteln, bedurfte es dreier Gewichtsbestimmungen: a) des Gewichts des leeren Puppengefäßes, b) des Gewichts der Puppen, c) des Gewichts des die Puppen enthaltenden und mit Wasser gefüllten Behälters. Das Luftvolumen entsprach dann dem Wasservolumen, das durch die Gewichtsdifferenz der Bestimmungen $V = c - (a + b)$ in Kubikzentimetern ausgedrückt war.

Um das Luftvolumen am Schluß des Versuches zu bestimmen, wurde die ganze in dem Puppenbehälter enthaltene Luft in eine Meßbürette übergetrieben und gemessen. Die jedesmal vor und nach der Atmung ausgeführte Volumenbestimmung zeigt sich namentlich auch für die Rolle, die der Stickstoff bei der Puppenatmung spielt, von Wichtigkeit. Es ist von Regnault und Reiset[1] eingeführt worden, die bei der Atmung verschwindende Luft als Sauerstoff zu berechnen und durch dieses Gas zu ersetzen. Wenn nun, wie es meistens geschieht, eine im Vergleich zum Gesamtvolumen nur geringe Luftmenge, z. B. 100^{ccm}, der Analyse unterworfen wird, so müßte der Stickstoffverbrauch schon ein sehr bedeutender sein, um bei der Analyse von 100^{ccm} zur Geltung zu kommen. Wären z. B. in dem Regnault-Reisetschen Versuch, 5000^{ccm} zur Verfügung gestanden und ein Stickstoffverbrauch von 10^{ccm} eingetreten, und auch eine Gesamtvolumenabnahme von dieser Größe erfolgt, so wäre auf 100^{ccm} eine Stickstoffabnahme von $0 \cdot 20^{ccm}$ entfallen, ein Betrag, der die Versuchsgrenze kaum übersteigt.

In der Regel fand sich am Schluß meiner Versuche, obwohl die bei der Atmung gebildete Kohlensäure, während das Experiment im Gang war, nicht künstlich absorbiert wurde, eine Volumenabnahme. Wiederholt wurde die Größe des negativen Gasdruckes auch dadurch gemessen, daß vor dem Übertreiben des zu analysierenden Gases der Puppenbehälter mit einer graduierten, mit Wasser gefüllten, Pipette (Fig. 8) durch einen Schlauch in bewegliche Verbindung gebracht wurde, so daß, nachdem der Hahn zum Puppenbehälter geöffnet war, das Wasser aus der Bürette in diesen eindringen konnte, um den luftleeren Raum zu erfüllen.

Indem man nun beide Flüssigkeitssäulen, diejenige im Puppenbehälter, oder richtiger, die in dem zu einem Rohr ausgezogenen Ende des Puppenbehälters, und die in der graduierten Bürette auf gleiches Niveau einstellte, konnte man am Sinken des Wasserspiegels in der Bürette ablesen, wieviel Kubikzentimeter der durch die Atmung erzeugte Gasverlust, die Volumenabnahme, betragen hatte. In vereinzelten Fällen habe ich am Schluß der Experimente auch eine Volumenzunahme, einen Überdruck, beobachtet.

Prüfung der Genauigkeit der angewandten gasometrischen Methode.

Um die Genauigkeit der bei den Atmungsversuchen angewandten gasometrischen Methode zu prüfen, wurden verschiedene Analysen von atmosphärischer Luft ausgeführt.

---

[1] Regnault et Reiset, Recherches chimiques sur la respiration des animaux. *Ann. chim. a. d. phys.* 1849. (3.) XXVI. p. 316.

Die Zusammensetzung der atmosphärischen Luft ist nach der Angabe von Bunsen: Gasometrische Methoden Braunschweig 1857, soweit es den Gehalt an Stickstoff und Sauerstoff betrifft, bei der Analyse von 100^{ccm}:

$$N = 79 \cdot 04^{\,ccm}$$
$$O = 20 \cdot 96 \;\text{„}$$

Die von mir gemachte Analyse freier atmosphärischer Luft ergab:

1. $N = 79 \cdot 0^{\,ccm}$ $O = 21 \cdot 0$ „ 2. $N = 79 \cdot 10^{\,ccm}$ $O = 20 \cdot 90$ „

im Mittel somit: $N = 79 \cdot 05^{\,ccm}$ $O = 20 \cdot 95$ „

Werte, die mit der Bunsenschen Angabe nur um $^1/_{100}{}^{ccm}$ differieren. Das Versuchsfehlermaximum war um $0 \cdot 06^{ccm}$. Die beiden gefundenen Werte differieren untereinander um $0 \cdot 1^{ccm}$.

Die Zimmerluft unterschied sich durch etwas geringeren Sauerstoffgehalt. Es ergaben 100^{ccm}:

$$N = 79 \cdot 2$$
$$O = 20 \cdot 8$$

Der Sauerstoffgehalt erfuhr eine weitere Abnahme, als zwei Gaslampen (Auerbrenner) im Zimmer brannten; ich fand bei drei hintereinander vorgenommenen Analysen übereinstimmend;

$$N = 79 \cdot 4$$
$$O = 20 \cdot 6$$

Wir ersehen hieraus, daß die Fehlergrenze der Hempelschen Methode $^1/_{10}{}^{ccm}$ nicht übersteigt und daß die Methode für unsere Versuche an Genauigkeit vollkommen ausreichend ist.

Erläuterung der Versuchsanordnung und der Berechnung an einem Beispiel.

Um mein Vorgehen bei der Analyse noch besser zu erläutern, sei hier ein Beispiel ausgerechnet.

Versuch Nr. 74.[1] Tagesversuch vom 22. III. 05. Versuchsdauer von $9^1/_2{}^h$ vorm. bis 5^h nachm. = $7 \cdot 5$ Stunden. Gewicht der bei dem Versuch verwendeten Puppen von Papilio podalirius = $13 \cdot 84^{grm}$. Die Puppen werden in das atmosphärische Luft enthaltende Puppengefäß, Fig. 5, *P* eingelegt.

---

[1] Vgl. Tabellen.

Der Behälter wird durch den eingeschliffenen und eingefetteten Stopfen *b* geschlossen, der Stopfen noch mittels einer Schnur festgebunden. Das Ende *a'* des Puppenbehälters wird nun durch den Schlauch *s* in Verbindung gesetzt mit der eine Mischung von atmosphärischer Luft und Kohlensäure enthaltenden Flasche *FF'*. Der Verbindungshahn *h* wird geöffnet und die mit Wasser gefüllte mit *F* durch den Schlauch *s'* verbundene Flasche *F'* auf den Tisch *T* gestellt, um einen Überdruck in *F* zu erzeugen. Das Wasser aus *F'* fließt nun durch den Schlauch *s'* in *F* und drängt die Luft in *F* durch den Schlauch *s* in den Puppenbehälter, und da der Hahnen *h* ebenfalls geöffnet ist, wird die vorher in dem Behälter enthaltene atmosphärische Luft bei *a* hinausgedrängt. Der Strom des Luftgemenges in *F* wird während 10 Minuten mit wechselnder Schnelligkeit durch den Puppenbehälter hindurchgeleitet. Hierauf wird die Verbindung des Puppenbehälters *a* mit der mit Wasser gefüllten Meßbürette *m* hergestellt und das Wasser aus dem graduierten Rohr *m* in das Wasserstandrohr *m'* durch die nachströmende Luft hinübergedrängt. Es werden auf diese Weise 100^{ccm} Luft aus dem Puppenbehälter in der Bürette *m* aufgefangen, und, wenn dies geschehen, der Quetschhahnen *q* und die übrigen Hähne *h*, *h'*, *h''* geschlossen. Der Puppenbehälter wird aus seinem Zusammenhang mit Gasflasche und Meßbürette gelöst und der Hahnen *h* auf eine Sekunde etwa geöffnet, um den möglicherweise vorhandenen Überdruck im Behälter zu beseitigen und die nun darin enthaltene Luftmenge auf Atmosphärendruck zu bringen. Das die Puppen enthaltene Gefäß wird nun am Fenster dem Licht ausgesetzt und die 100^{ccm} dem Puppenbehälter entnommene Luft werden analysiert.

Temperatur bei der Analyse 15·5° C. Barometerstand 754^{mm}, Dampf-Gasspannung $13 \cdot 1^{mm}$.

In 100^{ccm} den Puppen bei der Atmung zur Verfügung stehendem waren enthalten:

$$
\begin{aligned}
N &= 61 \cdot 2^{ccm} \\
O &= 11 \cdot 8 \;\text{„} \\
CO_2 &= 27 \cdot 0 \;\text{„} \\
\hline
&\;\; 100 \cdot 0^{ccm}
\end{aligned}
$$

Nach Beendigung des Versuches um 5^h nachm. wird der Puppenbehälter *P* mit dem Ende *a* mit einem mit Wasser gefüllten Scheidetrichter, an dessen unterem Ende ein ebenfalls mit Wasser gefüllter Gummischlauch befestigt ist, verbunden, vorher waren die beiden Endstücke *a a'* des Puppenbehälters mit Wasser gefüllt worden. Das andere Ende des Puppenbehälters wird wieder mit der mit Wasser gefüllten Meßbürette *m* verbunden, die Hähne *h h'* und der Quetschhahn q werden geöffnet, so daß das aus dem Scheidetrichter einströmende Wasser das Gasgemenge aus dem Puppenbehälter in die Meßbürette übertreibt. Es waren in dem Puppenbehälter nach der Atmung 144 ccm Luft enthalten, von diesen werden 100 ccm zur Analyse verwendet.

Temperatur bei der Analyse 16° C. Barometerstand 754 mm, Dampfspannung 13·53 mm.

Die Analyse des von den Puppen während 7·5 Stunden geatmeten Gases ergibt in 100 ccm:

$$\begin{array}{ll} N & = 60\cdot4 \text{ ccm} \\ O & = 12\cdot8 \text{ „} \\ CO_2 & = 26\cdot8 \text{ „} \\ \hline & \quad 100\cdot0 \text{ ccm} \end{array}$$

Danach ist die Veränderung, die die 100 ccm Luft in diesem Versuch durch 7·5stündige Atmung erfahren haben:

Vor der Atmung:	Nach der Atmung:	Differenz = Veränderung:
N = 61·2 ccm	N = 60·4 ccm	N —0·8 ccm
O = 11·8 „	O = 12·8 „	O +1·0 „
CO_2 = 27·0 „	CO_2 = 26·8 „	CO_2 —0·2 „

Um nun die Veränderung kennen zu lernen, welche die gesamte, den Puppen zur Verfügung gestandene Atmosphäre erlitten hat, müssen die durch die Analyse vor und nach der Atmung erhaltenen Ergebnisse auf Normaltemperatur (0° C), normalen Atmosphärendruck 760 mm Hg unter Berücksichtigung der Wasserdampfspannung, reduziert und auf das ganze Luftquantum, das vor und nach der Atmung in dem Puppenbehälter enthalten war, bezogen werden. Erst aus der Differenz der auf Grund dieser Berechnung erhaltenen Werte ergibt sich für uns der wirkliche Betrag der von den Puppen aufgenommenen und abgegebenen Gase.

Diese Berechnung geschieht nach der aus dem Mariotte-Gay-Lussacschen Gesetz abzuleitenden Formel:

$$v = \frac{V\cdot273\cdot(p-s)\cdot J}{760\cdot(273+t)\cdot100} \qquad v' = \frac{V'\cdot273\cdot(p'-s')\cdot J'}{760\cdot(273+t')\cdot100}$$

In dieser Formel ist v, v' das gesuchte Volumen des Gases, reduziert auf Normal-Temperatur, -Druck und -Spannung. $V\,V'$ sind die bei den Analysen gefundenen Volumina, $^1/_{273}$ entspricht dem Ausdehnungskoeffizienten der Gase. $p-s$ und $p'-s'$ ist gleich dem bei jeder Analyse vor und nach der Atmung abgelesenen Barometerstand p bzw. p', vermindert um den Betrag der Dampfspannung s bzw. s'. $J\,J'$ bedeutet den Luftgehalt des Puppengefäßes vor bzw. nach der Atmung. Derselbe wird nach der Atmung durch direkte Messung, vor der Atmung nach der Formel $V = c - (a + b)$ (vgl. S. 28) bestimmt.

Die Größe der auf diese Weise berechneten Gasvolumina ist in dem vorliegenden Fall:

1. Vor der Atmung:

$$VN = \frac{61,2 \cdot 273\,(754 - 13,1) \cdot 146,6}{760\,(273 + 15,5) \cdot 100} = 82,76 \text{ ccm}$$

$$VO = \frac{11,8 \cdot 273\,(754 - 13,1) \cdot 146,6}{760\,(273 + 15,5) \cdot 100} = 15,95 \text{ „}$$

$$VCO_2 = \frac{27,0 \cdot 273\,(754 - 13,1) \cdot 146,6}{760\,(273 + 15,5) \cdot 100} = 36,51 \text{ „}$$

2. Nach der Atmung:

$$V'N = \frac{60,4 \cdot 273\,(754 - 13,53) \cdot 144,6}{760\,(273 + 16) \cdot 100} = 80,2 \text{ ccm}$$

$$V'O = \frac{12,8 \cdot 273\,(754 - 13,53) \cdot 144,6}{760\,(273 + 16) \cdot 100} = 17,00 \text{ „}$$

$$V'CO_2 = \frac{26,8 \cdot 273\,(754 - 13,53) \cdot 144,6}{760\,(273 + 16) \cdot 100} = 35,6 \text{ „}$$

Vor der Atmung:

Ausrechnung:

N = log 61·2 = 1·78675
log 146·6 = 2·16613
log 273 = 2·43616
log 740·9 = 2·86976 } add.!
9.25880

subt.! {
log 100 = 2·00000
log 760 = 2·88081
log 288·5 = 2·46015 } add.!
7·34096
}

n log 1.91784 = 82·76 ccm

O = log 11·8 = 1·07188
7·47205 } add.!
8.54393
7·34096 } subt.!
n log 1·20297 = 15·95 ccm

CO_2 = log 27 = 1·43136
7·47205 } add.!
8·90341
7·34096 } subt.!
n log 1·56245 = 36·51 ccm

Nach der Atmung:

Ausrechnung.

$$
\begin{array}{rl}
N = \log 60.4 = 1\cdot78104 & \\
\log 144 = 2\cdot15836 & \\
\log 273 = 2\cdot43616 & \text{add.!} \\
\log 740\cdot9 = 2\cdot86976 & \\
\hline
9\cdot24532 & \\
7\cdot34096 & \text{subt.!} \\
\hline
n \log 1\cdot90436 = \mathbf{80\cdot2}\ \text{ccm} &
\end{array}
\qquad
\begin{array}{rl}
O = \log 12\cdot8 = 1\cdot10721 & \\
7\cdot46428 & \text{add.!} \\
\hline
8\cdot57149 & \\
7\cdot34096 & \text{subt.!} \\
\hline
n \log 1\cdot23053 = \mathbf{17\cdot00}\ \text{ccm} &
\end{array}
$$

$$
\begin{array}{rl}
CO_2 = 126\cdot8 = 1\cdot42813 & \\
7\cdot46428 & \text{add.!} \\
\hline
8\cdot89241 & \\
7\cdot34096 & \text{subt.!} \\
\hline
n \log 1\cdot55145 = \mathbf{35\cdot6}\ \text{ccm} &
\end{array}
$$

Es waren somit in der den Puppen zur Verfügung stehenden Luft enthalten:

Vor der Atmung:	Nach der Atmung:
N = 82·76 ccm	N = 80·20 ccm
O = 15·95 „	O = 17·00 „
CO_2 = 36·51 „	CO_2 = 35.59 „

Die Zusammensetzung der Luft hatte sich somit durch die Atmung der Puppen geändert und zwar ergibt der Vergleich dieser beiden Resultate: Einen Verbrauch von Stickstoff von **2·56** ccm; eine Produktion von Sauerstoff von **1·05** ccm und eine Absorption von Kohlensäure von **0·92** ccm.

Sämtliche Versuche sind in dieser Weise ausgeführt und berechnet worden. Da es bei der großen Zahl von Analysen zu weit führen würde, wenn ich jedesmal die ganze Anordnung und Berechnung in extenso ausführen wollte, so habe ich es richtiger gefunden, die Resultate in Tabellenform zusammenzustellen, damit die Ergebnisse der einzelnen Versuche leicht zu überblicken sind. Es können aber diese Tabellen hier nicht unverkürzt wiedergegeben werden, ich beschränke mich darauf, aus jeder Versuchsgruppe nur die charakteristischsten Experimente herauszugreifen. Von den übrigen sollen nur die Endergebnisse mitgeteilt ,werden, die in den berechneten Differenzwerten zum Ausdruck kommen. Bei den Experimenten, die eine fortlaufende Untersuchungsreihe bilden, wurden die Atmungs- und Assimilationswerte in Form von Kurven dargestellt. Der Verlauf dieser Kurven zeigt in übersichtlicher Weise an, wie sich der Gasaustausch der Versuchstiere oder -Planzen bei Tag und bei Nacht und bei verschiedenfarbiger Beleuchtung vollzieht, in übersichtlicherer Weise, als es eine tabellarische Zusammenstellung zu tun vermag. Vgl. Tafeln I u. II.

Übersicht über die Ergebnisse der Atmungsversuche in atmosphärischer Luft und in anderen Gasen.

Nach dieser einleitenden Besprechung der Versuchsanordnung komme ich zur Mitteilung der Ergebnisse unserer ersten Experimente, die ich zum Teil gemeinschaftlich mit Herrn Dr. Gronover, damals Assistent am chemischen Institut der Universität, ausgeführt habe. Sie hatten den Zweck, einen Einblick in die respiratorische Tätigkeit der Schmetterlingspuppen unter den verschiedensten Verhältnissen zu verschaffen. Diese Atmungsversuche, deren Resultate ich hier nur ganz kurz berühren kann, wurden während der Herbstmonate 1904 an den Puppen von Vanessa atalanta = Admiral, Vanessa urticae = kleiner Fuchs und einzelnen Puppen von Vanessa io = Pfauenauge, ausgeführt. Während des Winters setzte ich die Versuche an Puppen von Papilio podalirius = Segelfalter, von Sphinx euphorbiae = Wolfsmilchschwärmer und von Smerinthus tiliae = Lindenschwärmer fort. Außer in atmosphärischer Luft untersuchten wir die Atmung der Vanessen in atmosphärischer Luft mit verschieden hohem Kohlensäuregehalt, in atmosphärischer Luft mit erhöhtem Gehalt an Sauerstoff und Kohlensäure, in reinem Stickstoff und in Stickstoff mit Kohlensäure.

Die Atmungsversuche in atmosphärischer Luft ergaben die interessante Tatsache, daß entgegen dem Verhalten, das bei höheren Tieren die Regel ist, die nächtliche Kohlensäureabgabe bei Puppen eine relativ höhere war, als bei Tag, während die Sauerstoffaufnahme tagsüber größer war als in der Nacht. Im Durchschnitt fand ich bei Tagesversuchen einen respiratorischen Quotienten $\frac{CO_2}{O_2}$ von 0·664 bei einem Minimum von 0·561 und einem Maximum von 0·730. Bei den Nachtversuchen war das Verhältnis im Durchschnitt = 0·76, bei einem Maximum von 0·844 und einem Minimum von 0·644. In einem Fall, den ich bei der Durchschnittsberechnung nicht berücksichtigt hatte, wurde während der Nacht sogar mehr CO_2 abgegeben, als O aufgenommen; der respiratorische Quotient war 1·09. Bei einer und derselben Puppenserie verhielten sich die respiratorischen Quotienten bei Tag und Nacht zwischen dem 8. bis 10. Oktober wie 0·561 : 0·768. Bei Winterpuppen gestaltete sich das Verhältnis der abgegebenen CO_2 zum aufgenommenen O noch viel kleiner. Beim Segelfalter z. B. schwankte der respiratorische Quotient zwischen 0 und 0·6, d. h. es wurde hier unter Umständen überhaupt keine Kohlensäure abgegeben, ein Verhalten, das uns lebhaft an die Verhältnisse bei manchen Küstenkrabben erinnert. So berichtet Bohn und Giard[1 u. 2], daß bei diesen Tieren

---

[1] G. Bohn, De l'Absorption de l'Anhydride Carbonique par les Crustacés décapodes. *Soc. de Biol.* 5. Nov. 1898.

[2] A. Giard, Sur la calcification hibernale. *Compt. rend. Soc. Biol.* (10.) T.V. p. 1013.

der respiratorische Quotient auf 0·85 bis 0.57 herabsinkt, daß sich eine Krabbe Gonoplex rhomboides sogar anscheinend wie eine Pflanze verhält, indem sie erhebliche Kohlensäuremengen aufnimmt, statt sie abzugeben. Diese Aufnahme von Kohlensäure geht hier mit der Bildung von Karbonaten für den Panzeraufbau des Tieres Hand in Hand.

Für die Frage der Kohlensäureassimilation bei Schmetterlingspuppen waren natürlicherweise diejenigen Versuche von besonderer Wichtigkeit, in denen die Atemluft dieses Gas in gut meßbaren Mengen enthielt. In zwei Versuchen, die im Herbst 1904 mit den Puppen von Vanessa atalanta angestellt worden waren, ergab sich keine Kohlensäureabsorption, der erhöhte Gehalt der Atmosphäre an Kohlensäure beeinflußte die Puppenatmung nur in der Weise, daß sie den Sauerstoffverbrauch der Tiere herabsetzte. Während 20 ^{grm} derselben Puppen zur gleichen Jahreszeit in atmosphärischer Luft bei Tag innerhalb 12 Stunden im Durchschnitt aus 4 Versuchen 27·8 ^{ccm} Sauerstoff verbraucht hatten, sank die Sauerstoffkonsumption in den beiden Versuchen mit atmosphärischer Luft und einem Kohlensäuregehalt von über 30 Prozent auf durchschnittlich 8·3 ^{ccm}. Auch die Kohlensäureabgabe war eine geringere, als bei der Atmung unter normalen Bedingungen. Die Atmungsversuche ergaben bei Tag in atmosphärischer Luft im Durchschnitt eine Kohlensäureproduktion von 17·36 ^{ccm}. Hier in der kohlensäurereichen Luft betrug dieselbe nur 6·8 ^{ccm}. Der respiratorische Gaswechsel wurde also durch die Anwesenheit der Kohlensäure scheinbar hemmend beeinflußt. Eigentümlicherweise ergaben zwei Parallelversuche mit Brennesselpflanzen ein ganz ähnliches Resultat. Ich hatte erwartet, Kohlensäureabsorption und Sauerstoffabscheidung zu finden; zu meiner Überraschung übertrafen indessen unter den gegebenen Bedingungen auch hier die Produkte der Respiration diejenigen der Assimilation. Der Sauerstoffverbrauch war sogar noch erheblich größer als der der Puppen; auf 20 ^{grm} Substanz in 12 Stunden Versuchsdauer berechnet, betrug er in einem Fall 22·6 ^{ccm}, im andern 30·6 ^{ccm}. An Kohlensäure war in dem einen Versuch 18·5 ^{ccm}, in dem andern 12·4 ^{ccm} abgegeben worden.

Sehr verschieden war das Verhalten der Vanessenpuppen zur Kohlensäure, wenn die Atemluft sauerstofffrei war und außer der Kohlensäure nur Stickstoff enthielt. Bei acht Tagesversuchen und zwei Nachtversuchen fand Kohlensäureabsorption in wechselnder Menge statt, und in einem Nachtversuch wurde Kohlensäure abgegeben. Bei all diesen Versuchen war die Kohlensäure, wie wir aus den angeführten Versuchen ersehen, in sehr hohem Prozentsatz in der Atemluft enthalten.

Tagesversuch Nr. 3 den 18. X. 1904. 7 Stunden. Gewicht: 22.280 ^{grm}. Temperatur bei der Analyse 19° bzw. 16·5° C. Barometer 760 ^{mm} Hg.

Dampfsp. 16·3 bis 13·97. Luftvolumen 139·6 vor der Atmung, 135·7 nach der Atmung. Trübe Beleuchtung.

Analyse vor der Atmung:		Nach der Atmung:		Differenzen:		Für 20^{grm} in 12 Std.
gemessen:	berechnet:	gemessen:	berechnet:	gemessen:	berechnet:	berechnet:
CO_2 = 72·0	102·0	81·2	102·00	+4.2	±0·0	+0·0
N = 19·4	25·7	18·8	23·61	—0·6	—2·09	—3·0
91·4	127·7	100·0	125·61			

Tagesversuch Nr. 5. den 19. X. 1904. 8 Stunden. 27·26 ^{grm}. 18 bis 19 °C. 763 bis 760.9 ^{mm} Hg. 15·35 bis 16·34 ^{mm} Dampfsp. Vol.′ 100·3 ^{ccm}, Vol.″ 70·6. Die Puppen waren über Mittag in der Sonne gelegen und hatten sich rot verfärbt.

Analyse vor der Atmung:		Nach der Atmung:		Differenzen:		Für 20^{grm} in 12 Std.
gemessen:	berechnet:	gemessen:	berechnet	gemessen:	berechnet:	berechnet:
CO_2 = 81·4	75·23	49·8	45·60	—31·60	—29·63	—33·60
N = 18·6	17·41	20·8	19·05	+ 2·20	+ 1·64	+ 1·78
100·0	92·64	70·6	64·65			

Für die übrigen Versuche ergaben sich als Differenzwerte die Zahlen[1]:

(1)	CO_2 —**20·17** bzw. —16·99	(2)	—**11·09**	—9·364	(4)	—**4.55**	—5·9
	N — **2·08** „ — 1·75		— **1·86**	—1·57		+**0·04**	+0·044
(6)	—**17·95** —23·65	(7)	—**7·1**	—9·02	(8)	—**19·98**	—25·00
	— **6·71** — 8·84		+**0·9**	+1·14		— **0·14**	— 0·18

Nachtversuch Nr. 9 den 17. X. bis 18. X. 14 Stunden. 17·28 ^{grm} V. atalanta 15·5 °C. 760 ^{mm} Hg. 13·11 ^{mm} Dampfsp. Vol.′ = 110·5, Vol.″ = 106·0 ^{ccm}.

Analyse′:		Analyse″:		Differenz:		Für 20^{grm} in 12 Std.
CO_2 = 63·4	65·15	68·2	67·20	+4·8	+2·05	+2·03
N = 36·0	37·00	31·8	31·35	—4·2	—5·65	—3·62
O = 0·6	0·74	0·0	0·0	—0·6	—0·74	—0·73
100·0	102·89	100·0	98·55			

Für die übrigen Versuche ergaben sich als Differenzwerte:

(10)	CO_2 = —**4·06**	—3·118	(11)	—**11·39**	—12·09
	N = —**3·24**	—2·49		— **2·07**	— 2·196

Die Kohlensäureabsorption betrug somit für 20 ^{grm} Puppensubstanz und 12 Stunden Versuchsdauer bei Tag im Durchschnitt 15·43 ^{ccm}, bei

[1] Die durch fette Schrift hervorgehobenen Zahlen entsprechen den auf Normaltemperatur usw. reduzierten und für das Luftvolumen berechneten Werten. Die anderen geben das Resultat für 20 ^{grm} Puppen und 12 Stunden Versuchsdauer.

Nacht 4.38 ccm. Dieser bedeutende Unterschied läßt darauf schließen, daß die Bedingungen, wie sie am Tag gegeben sind, daß namentlich die Beleuchtung eine wichtige Rolle bei der Kohlensäureaufnahme durch die Puppen spielt. Auch die täglichen Schwankungen weisen darauf hin, daß das Licht das Eindringen der Kohlensäure, bzw. die Verarbeitung des Gases im Puppenkörper erleichtert. Daß es sich bei der verschieden hohen Absorption nicht lediglich um physikalische Prozesse, um eine dem Partialdruck entsprechende Absorption handelt, geht schon daraus hervor, daß die Resultate bei gleichem Kohlensäuregehalt der Atmosphäre doch ganz verschieden ausfallen können. So haben wir im Versuch Nr. 3 keine Absorption zu verzeichnen, obwohl die Luft 77 Volumprozent Kohlensäure enthielt und die Temperatur zwischen 19° und 16·5° C schwankte. In Versuch Nr. 5 wurde dagegen 29·56 ccm CO_2 absorbiert bei einem Kohlensäuregehalt der Atmosphäre von 81·4 Volumprozent und einer Temperatur von 18° bis 19° C. Hier waren die Puppen sogar den direkten Sonnenstrahlen ausgesetzt, was für die Absorption, wegen der großen Erwärmung des Puppenkörpers, die denkbar ungünstigste Anordnung war. Die Versuche zeigen aufs deutlichste, daß die Kohlensäureabsorption von seiten der Schmetterlingspuppen in ausgesprochener Weise von der Beleuchtung abhängig ist und daß die Absorptionswerte mit der Intensität der Beleuchtung wachsen und fallen. Die Versuche Nr. 1, 2, 5, 6, 7 und 8 sind bei meist sonnigem Wetter angestellt und ergaben die höchsten Absorptionswerte 16.99, 9·36, 33·6, 23·65, 9·02, 25·00 ccm, unter ihnen stehen obenan Nr. 5, 6 und 8 mit 33·6, 34·6 und 25·0 ccm, in denen die Puppen mehrere Stunden in direktem Sonnenlicht gelegen hatten. Die Versuche Nr. 3 und 4 entfallen auf Tage mit trüber Beleuchtung, und wir finden in einem Versuch 0·0 ccm, d. h. überhaupt keine, in anderen die geringste Kohlensäureaufnahme der ganzen Versuchsreihe 5·9 ccm.

Auch das Alter der Puppen scheint für den Kohlensäureverbrauch nicht ganz gleichgültig zu sein, wenn es nicht ein zufälliges Zusammentreffen ist, daß der Versuch 3, bei dem die jüngsten Puppen zur Verwendung kamen, sie waren 12 bis 24 Stunden alt, der einzige war, in dem überhaupt keine Kohlensäureabsorption stattgefunden hat.

Es wurde bereits hervorgehoben, daß die Schmetterlingspuppen in zwei Versuchen, in denen sie der direkten Einwirkung des Sonnenlichtes ausgesetzt waren, erhebliche Mengen von Kohlensäure absorbierten, und ich halte es für die Frage: ob das aufgenommene Gas im Puppenorganismus fixiert wird und für den Aufbau der organischen Substanz Verwendung findet, nicht bedeutungslos, daß in diesen beiden extremen Fällen in der Tat eine Gewichtszunahme der Puppen zu bemerken war.

Vor dem Versuch wogen die Puppen 27·26 grm.
Nach „ „ „ „ „ 27·45 grm.

Sie hatten also eine Gewichtszunahme von 0·19 grm erfahren. Am folgenden Tage, nachdem die Puppen die ganze Nacht in atmosphärischer Luft zugebracht hatten, wogen dieselben:

	27·357 grm
	27·260 „
Differenz =	0·097 grm.

Sie waren somit noch um 0·097 grm schwerer wie bei Beginn des Experimentes. Das Gewicht des absorbierten Gases, der 29·63 ccm Kohlensäure beträgt: 0·058 grm, es müßte also außer der Kohlensäureaufnahme noch eine Wasseraufnahme von 0·039 grm stattgefunden haben, was ja dem assimilatorischen Vorgang bei der Pflanze vollkommen analog wäre. Auch die Gewichtszunahme in dem zweiten Versuch bei direkter Sonnenbestrahlung, Versuch Nr. 6, läßt erkennen, daß mit der Kohlensäureassimilation eine erhebliche Wasseraufnahme verbunden ist; vor diesem Versuch wogen die Puppen 22·775 grm, am nächsten Morgen, also 24 Stunden nach dem Versuch 22·960 grm; sie hatten somit in diesem Experiment sogar um 0.185 grm zugenommen. Das Gewicht der aufgenommenen Kohlensäure betrug 35.29 mg (17·95 ccm), das des aufgenommenen Stickstoffs 1·02 mg (6·7 ccm), zusammen 36·31 mg = 0.036 grm. Es wurden demnach außer den gasförmigen Bestandteilen 0·156 grm Wasser absorbiert. Wenn wir uns nun die Frage vorlegen, in welcher Weise die Puppen die Kohlensäure in ihren Organismus verwerten können, so wird es am nächsten liegen, daran zu denken, daß die Puppen, gerade wie die Pflanzen, die Kohlensäure unter der Einwirkung des Lichtes zu spalten vermögen in einen kohlenstoffhaltigen Komplex und in Sauerstoff. Der Sauerstoff würde sofort in dem Körper zu Oxydationszwecken Verwendung finden, wenigstens in solchen Fällen, in denen die Gewebe ihren Sauerstoffhunger nicht auf andere Weise zu befriedigen vermögen, wie z. B. hier, wo die Atmosphäre sauerstofffrei war. Was das Schicksal des kohlenstoffhaltigen Komplexes betrifft, so wäre es ja möglich, daß dieser zu Reservestoffen als Kohlehydrat oder Fett angelagert würde. Daß in der Tat in sauerstofffreier aber kohlensäurehaltiger Atmosphäre eine Sauerstoffproduktion von seiten der Puppen stattfinden kann, werden wir aus dem folgenden ersehen.

Es wurde bei den Experimenten mit Kohlensäure- und Stickstoffatmosphäre stets dadurch, daß das Gasgemisch durch mehrere Waschflaschen mit alkalischer Pyrogallollösung durchgeleitet wurde, dafür gesorgt, daß kein Sauerstoff in der Atmungsluft vorhanden war. Bei der Analyse trat dann auch über Phosphor keine Nebelbildung ein. Es war nun am Schluß der Versuche sowohl Dr. Gronover wie mir verschiedentlich aufgefallen, daß das geatmete vorher sauerstofffreie Gas über Phosphor Nebelbildung erzeugte. In der Annahme, daß es sich um einen Versuchsfehler, um das Eindringen von Sauerstoffspuren durch die Schlauchverbindungen der Kapillaren, handeln könnte, schenkten wir dieser Erscheinung anfangs weiter keine Beachtung. Allein trotz aller angewandten Vorsicht trat die Nebelbildung bisweilen so bedeutend auf, daß die Erscheinung nicht länger unberücksichtigt bleiben konnte. Sollte von seiten der Schmetterlingspuppen am Ende doch Sauerstoff abgegeben worden sein, in sehr kleinen Mengen, die erst nach längerer Dauer des Versuches gemessen werden konnten? Zur Prüfung dieser Frage ließ ich die Puppen bei einem späteren Versuch statt 8 bis 12 Stunden 48 Stunden lang in der Stickstoff-Kohlensäureatmosphäre. Der Versuch, in dem ich die Puppen von Vanessa atalanta (16·97 grm) verwendet hatte, ergab:

Analyse vor der Atmung		Analyse nach d. Atmung		Differenz		Für 20 grm Substanz in 12 Std.
Gefunden in 99·6 ccm	Berechnet auf 0° u. 760mm Hg 80·31 mm	Gefunden in 79 mm	Berechnet auf 0° u. 760mm Hg	Gefunden	Berechnet	
CO_2 = 56·2 ccm	41·6 ccm	31·0 ccm	28·63 ccm	−25·2 ccm	−12·97 ccm	− 3·8 ccm
N = 43·4	32·12	44·5	41·50	+ 1·1	+ 9·38	+ 2·6
O = 0·0	0·0	3·5	3·23	+ 3·5	+ 3·23	+ 0·95
99·6	73·72	79·0	73·36	−20·6	− 0·36	= Volumen-

abnahme bei 0° und 760 mm Hg berechnet.

Es waren somit bei diesem Versuch innerhalb 48 Stunden 12.97 ccm Kohlensäure verschwunden und dafür 9·38 ccm N und 3·23 ccm O mehr aufgetreten. Die Kohlensäureabsorption war also hier in der vierfachen Zeit nicht größer als sonst in 12 Stunden und blieb weit unter dem Tagesmaximum zurück, das sonst bei günstigen Beleuchtungsverhältnissen erreicht wurde. Waren nun diese Puppen zur Kohlensäureaufnahme weniger disponiert, oder hatte ein Kreislauf der Kohlensäure stattgefunden in der Art, daß eine bestimmte Menge des Kohlensäuregases von den Puppen aufgenommen worden war und eine Abspaltung von Sauerstoff erfahren hatte? Wurde dieser abgespaltene Sauerstoff sofort zu Oxydationszwecken im Körper verwendet und als Kohlensäure wieder abgegeben, so mußte sich der Kohlensäuregehalt der Atmosphäre in dem Puppenbehälter gleichbleiben. War nun aber nicht aller durch Spaltung der Kohlensäure entstandene Sauerstoff im Puppenorganismus festgehalten, sondern ein Teil desselben nach außen abgeschieden worden, so mußte der von den Puppen abgegebene Sauerstoff, wie es in dem vorliegenden Fall zutrifft, sich in der Atmosphäre wiederfinden, und gleichzeitig mußte in derselben eine Abnahme des Kohlensäuregehaltes zu beobachten sein, da ja das Plus an Sauerstoff aus einer Spaltung der ursprünglich der Atmosphäre entnommenen Kohlensäure stammte.

Das Verschwinden der Kohlensäure und das Auftreten von Stickstoff und Sauerstoff im Gasgemenge konnte aber auch die Folge einer Diffusionserscheinung sein. Die letztere Annahme ist um so naheliegender, da die fehlende Kohlensäuremenge in diesem Experiment fast vollkommen durch das Plus an Sauerstoff ersetzt wird (12,97 : 12,61 ccm). Dabei konnte die Kohlensäure entweder aus dem Puppenbehälter in die umgebende Luft hinausdiffundiert und die atmosphärische Luft in denselben eingetreten sein, oder die Kohlensäure war vom Puppenorganismus absorbiert und das entstehende Vakuum durch das Eindringen von atmosphärischer Luft wieder ausgefüllt worden.

Da die Kohlensäure wegen ihres großen Volumengewichts schwer diffundiert, vorausgesetzt, daß keine Verdichtung des Gases stattfindet, so ist selbst, wenn wir annehmen, daß der Verschluß des Puppenbehälters kein vollkommen luftdichter gewesen wäre, ein Austreten des Kohlensäuregases doch sehr wenig wahrscheinlich. Viel eher könnten die Puppen Kohlensäure absorbiert haben und atmosphärische Luft an Stelle des aufgenommenen Gases getreten sein. Allerdings müßte in diesem Fall das Verhältnis des eingedrungenen Stickstoffs zum Sauerstoff ein ähnliches sein, wie in der Atmosphäre, wo auf einen Teil Sauerstoff fünf Teile Stickstoff kommen. Es müßten also mit dem Sauerstoffvolumen von 3·23 ccm 16·15 ccm Stickstoff in den Behälter eingedrungen sein, eher noch etwas mehr, da zufolge seiner geringeren Gasdichte dem Stickstoff bei der Diffusion weniger Hindernisse im Weg liegen als dem Sauerstoff. Im Experiment beträgt das Plus an Stickstoff nur 9·38 ccm, es findet sich somit unverhältnismäßig mehr Sauerstoff, was einem Diffusionsvorgang nicht entspricht. Auch von physiologischem Standpunkt aus halte ich es für höchst unwahrscheinlich, daß der mit der atmosphärischen Luft eingedrungene Sauerstoff von den Puppen unberührt gelassen worden wäre; es ist im Gegenteil anzunehmen, daß derselbe sofort bei der Atmung Verwendung gefunden hätte, wie es in dem Nachtversuch Nr. 9 der Fall war, wo 0·6 ccm des Gases im Laufe des Experimentes aufgezehrt wurden. Die Annahme, daß die Puppen selbst den Stickstoff und Sauerstoff abgegeben haben, gewinnt aber dadurch an Wahrscheinlichkeit. Eine Abgabe von Stickstoff ist bei Tieren schon wiederholt beobachtet worden, allerdings waren es stets nur kleine Quantitäten, und auch die vorhergehenden Experimente mit Vanessenpuppen lassen verschiedentlich eine Vermehrung des Stickstoffs der Atmosphäre erkennen. Von viel weittragender theoretischer Bedeutung ist es, die Puppen als Quelle des Sauerstoffs zu betrachten, ihnen dieselben Fähigkeiten der

Kohlensäureassimilation zuzuschreiben, wie den Pflanzen. Wir haben ja gesehen, daß bei Einzelligen eine mit Sauerstoffabgabe verbundene Kohlensäureabsorption vorkommt, und von der durch Pflüger im Jahre 1875 vertretenen Anschauung über die Gleichartigkeit der physiologischen Leistung bei den Vertretern der beiden organischen Reiche ausgehend, darf die Möglichkeit eines derartigen Phänomens auch nicht ohne weiteres bezweifelt werden. Bei keinem Wesen, scheint mir, müßte die Analogie in den Lebensvorgängen mit der Pflanze besser hervortreten, als hier bei der Schmetterlingspuppe, wo die animalen Funktionen so ganz in den Hintergrund treten. Auch biologisch könnte ich es gut verstehen, daß die Schmetterlingspuppe im Kohlenstoff und Stickstoff der Luft eine Quelle besitzt, aus der sie die zum Aufbau ihres bzw. des Organismus des Schmetterlings nötigen und durch die Atmung fortgesetzt dem Verbrauch preisgegebenen Substanzen schöpft und ergänzt. Diese Auffassung erscheint mir sogar viel wahrscheinlicher als die Annahme, daß die Puppe aus den in ihrem Fettkörper enthaltenen Reservestoffen ihren eigenen Körper erhält, den Organismus des Schmetterlings aufbaut und diesem noch so viel Reservematerial mitgibt, daß er tagelang ohne Nahrung leben, sich energisch bewegen und eine große Anzahl von entwicklungsfähigen Eiern absetzen kann, die ihrerseits wieder, ohne Nahrungsstoffe aufzunehmen, im Gegenteil, indem sie durch Atmung solche verbrauchen, lebenskräftige Raupen entlassen. Ein solches Hungerkunststück wäre meiner Ansicht nach ein Wunder, die Kohlensäureaufnahme und Verwertung eine außerordentliche, zweckmäßige Analogie mit den Ernährungsvorgängen bei Pflanzen.

Die Wahrscheinlichkeit, daß in dem besprochenen Versuch der Sauerstoff von den Puppen abgegeben worden ist, wird noch dadurch erhöht, wenn wir die Versuchsanordnung im einzelnen näher betrachten. Ich war bei Beginn des Experimentes von der Vermutung ausgegangen, daß die über Phosphor auftretende Nebelbildung bei der Analyse möglicherweise von dem von der Puppe abgeschiedenen Sauerstoff herrühren könnte. Um nun den Augenblick der Sauerstoffabgabe beobachten zu können, bediente ich mich eines der Doppelgefäße, deren Konstruktion im vorhergehenden beschrieben wurde (Fig. 4). In den einen der beiden Behälter des Doppelgefäßes wurden die Puppen verbracht, in den anderen legte ich ein Stückchen Phosphor in etwas Wasser. Nachdem die beiden Erweiterungen des Doppelgefäßes mit dem sauerstofffreien Gas gefüllt waren, wurde der Behälter ins Dunkle gelegt und die Verbindung zwischen den beiden Gefäßen offen gelassen, um dem, den Puppen etwa noch anhaftenden Sauerstoff Gelegenheit zu geben, zu verbrennen; als keinerlei Nebelbildung mehr zu beobachten war, wurde der Hahnen zwischen Puppen- und Phosphorbehälter geschlossen und das Ganze dem Licht ausgesetzt. Es war um 9 Uhr vormittags. Um 12 Uhr wurde die Verbindung zwischen den beiden Behältern zum erstenmal geöffnet und durch Erwärmen mit der Hand etwas Luft aus dem Puppengefäß in den Phosphorbehälter eingeleitet. Es war kaum eine Nebelbildung zu beobachten. Auch am Nachmittag waren noch keine größeren Sauerstoffmengen nachzuweisen, wohl aber gegen Abend, nachdem in dem Experimentierraum bereits die Lampen (Auergasglühlicht) angezündet waren. Wurde jetzt das Puppengefäß mit der Hand erwärmt und der Phosphor in die Nähe der offenen Verbindung der beiden Behälter gebracht, so stiegen mit jeder Luftblase, die durch die mit Wasser gefüllte Verbindung hindurchgepreßt wurde und den Phosphor streifte, kleine Nebelwolken auf. Diese Nebelbildung erreichte ihren Höhepunkt am Nachmittag des folgenden Tages vor der um 6 Uhr nachmittags vollzogenen Analyse. So sehr indessen diese Tatsachen für eine assimilatorische Tätigkeit des Puppenorganismus sprechen, so wäre es dennoch gewagt, einen Schluß von so prinzipieller Bedeutung auf Grund eines einzigen Versuchsresultats zu stützen. Es war notwendig, die Bestätigung dieses ersten Ergebnisses durch weitere Resultate abzuwarten. Diese Bestätigung fand ich in einem Experiment, das vom 25. bis 26. Oktober von 8 Uhr vorm. bis $5^1/_2$ Uhr nachm. stattgefunden und somit 33·5 Stunden gedauert hatte.

Verwendet wurden 18·24^{grm}-Puppen von V. atalanta und V. urticae. Temperatur 19° C, Barometerstand 760^{mm}. Der erste Tag war sonnig, der zweite meist trüb.

Ergebnis der Analyse				Differenz	
vor der Atmung		nach der Atmung			
Gefunden in 98 ^{ccm}	Berechnet auf das Gesamtvol. bei 0° u. 760 ^{mm} Hg	Gefunden	Berechnet	der gefundenen Werte	der berechneten Werte
N = 49·8 ^{ccm}	50·72 ^{ccm}	50·0 ^{ccm}	46·5 ^{ccm}	+ 0·2 ^{ccm}	− 4·22 ^{ccm}
CO_2 = 46·0	46·80	51·2	47·0	+ 5·2	+ 0·20
O = 2·2	2·24	3·6	3·3	+ 1·4	+ 1·06
98·0	99·76	104·8	96·8	+ 6·8	− 2·96 = Vol.-Abnahme

Wir sehen, daß auch in diesem Versuch Sauerstoff abgegeben worden ist, weniger als im vorhergehenden, aber immerhin eine meßbare Menge, die die Fehlergrenze übersteigt. Wichtig ist, daß sich hier mit der Sauerstoffzunahme nicht nur keine Stickstoffzunahme, sondern eine Abnahme dieses Gases eingestellt hat. Der Sauerstoffzuwachs kann in diesem Fall jedenfalls unmöglich auf ein Eindringen von atmosphärischer Luft in den Behälter zurückgeführt werden. Die Erklärung der Sauerstoffzunahme bietet uns hier indessen eine Schwierigkeit in anderer Richtung. Wir werden uns fragen müssen, ob auch in diesem Fall die Kohlensäure als Quelle des freigewordenen Sauerstoffs betrachtet werden kann, wo im Endresultat nicht nur keine Abnahme des Gases, sondern sogar eine Zunahme der Kohlensäure erfolgt ist. Nach meiner Ansicht läßt sich diese Frage bejahen, wenn wir berücksichtigen, daß die bei der Atmung gebildete Kohlensäure nicht unmittelbar nach ihrer Bildung abgegeben zu werden braucht. Nimmt man an, die Kohlensäure, die schon vor dem Experiment gebildet worden war, sei teilweise zurückgehalten und erst im Lauf des Experimentes abgegeben worden, so könnte, auch wenn wir eine Assimilation der in der Atemluft gebotenen Kohlensäure voraussetzen, dennoch eine Zunahme dieses Gases in der Atmosphäre erfolgen. Der ganze Atmungsvorgang im Laufe der 33·5 Stunden Versuchsdauer ist auf der beigegebenen Kurve, Fig. 9, graphisch dargestellt. Das Puppengefäß war an seinem zu einer Röhre ausgezogenen Ende mittel eines Gummischlauchs mit einer Glasröhre und diese wieder mittels Gasschlauchs mit einer graduierten Bürette beweglich verbunden. Das ganze System war mit Ausnahme des Puppenbehälters mit Wasser gefüllt und die Bürette so aufgehängt, daß bei Beginn des Versuchs der Wasserspiegel in der Bürette und in der Puppengefäßröhre gleich hoch stand. Die Kurve zeigt, daß tatsächlich bei Beginn des Versuchs der Wasserspiegel in der Bürette anstieg von 17 auf 19 ^{ccm}. Das Luftvolumen in dem Puppenbehälter mußte sich also ausgedehnt haben und zwar um 2 ^{ccm}. Die Temperatur war in dieser Zeit wohl gestiegen, allein nur um 2° C, was einer Ausdehnung der Kohlensäure von 0·804 ^{ccm} entspricht. Es muß somit angenommen werden, daß eine Abgabe von Luft von seiten der Puppen stattgefunden hatte, die den Raum von rund 1·2 ^{ccm} ausfüllte. Angenommen, die Kohlensäure hätte tatsächlich diesen Zuwachs erfahren, und es hätte keine weitere Absorption des Gases stattgefunden, so müßte am Schluß des Experimentes der Kohlensäuregehalt um 1·2 ^{ccm} größer geworden sein; wir finden statt dessen nur ein Plus von 0·2 ^{ccm} Kohlensäure, außerdem aber eine Sauerstoffzunahme von 1·06 ^{ccm}; addieren wir beide Volumina, so ergibt sich ein Mehr von Kohlensäure und Sauerstoff von 1·26 ^{ccm}, ein Volumen, das somit nur um $^{6}/_{100}$ ^{ccm} größer ist, als das von den Puppen am Anfang des Versuchs ausgeschiedene Gasquantum. Es läßt sich auf diese Weise sehr wohl verstehen, daß wir in einem und demselben Experiment gleichzeitig Sauerstoffabgabe und Kohlensäureabgabe beobachten können und trotzdem die Kohlensäure der Atemluft als Quelle des Sauerstoffs betrachten dürfen, wenn nämlich, wie hier, der Organismus noch mit Kohlensäure belastet war, die ausgeatmet wurde, ehe für den Assimilationsprozeß neue Quantitäten aus der Luft aufgenommen werden konnten.

Was nun den weiteren Verlauf der Atmung in diesem Versuch betrifft, so lesen wir aus der Kurve ab, daß auf die erste Ausatmung eine Periode

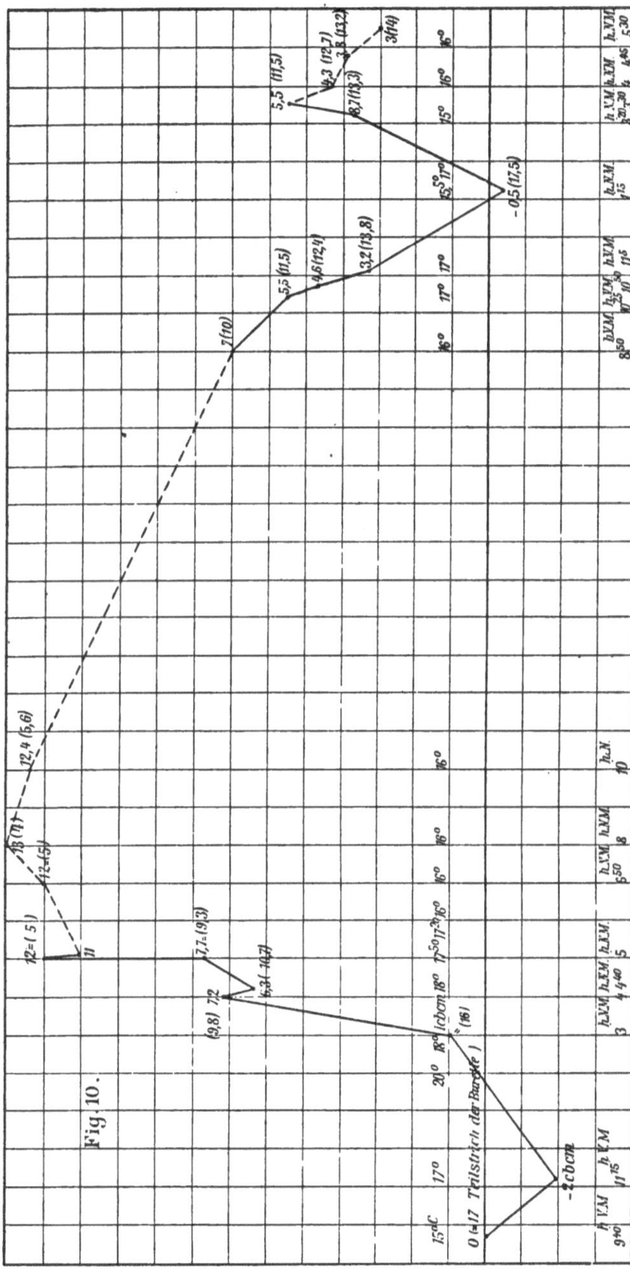

Fig. 9.

Als der Versuch begann, stand der Wasserspiegel in der Bürette auf Teilstrich 17, der hier als Nullpunkt den Ausgangspunkt der Kurve bildet.

Fig. 10.

Atmungskurve einer Anzahl Vanessenpuppen in einer Atmosphäre von $CO_2 + N + O$.

—— Tagesatmung. ↓ Ausatmung.

- - - Nachtatmung. ↑ Einatmung.

der Einatmung, der Gasabsorption folgte, die ihr Maximum um 8 Uhr abends erreicht hatte. Es war hierauf wieder Luftabgabe zu beobachten, die am folgenden Mittag um 1 Uhr auf ihrem Höhepunkt war und das Wasser in der Bürette bis zu 17·5 ccm gehoben hatte. Es wurde wieder eingeatmet; das Volumen des aufgenommenen Gases betrug aber diesmal nur 6 ccm, nicht 12 ccm wie am ersten Tage zu gleicher Zeit. Es folgte abermals eine Periode der Ausatmung, der Wasserspiegel wurde bis auf etwa 14 ccm gehoben und in diesem Augenblick der Versuch abgebrochen.

Das Volumen des in dieser Zeit absorbierten Gases betrug nach der Kurve gemessen 3 ccm, um so viel war der Endpunkt der Kurve von der Abszissenachse, ihrem Anfangspunkte entfernt. Bei der Analyse ergab sich zwischen Anfangs- und Endvolumen der in dem Gefäß eingeschlossenen Atemluft eine Differenz von nur 2·96 ccm. Das zweite Verfahren hatte somit einen um 0·04 ccm kleineren Wert für die Menge des absorbierten Gases gegeben, eine Differenz, die sich auf Temperaturunterschiede bei der Analyse und am Schluß des Atmungsversuches zurückführen läßt. Bringen wir nämlich in Rechnung, daß der Atmungsversuch bei 16° C abgebrochen und bei 18° C analysiert worden ist, so ergibt sich durch Messung eine Volumendifferenz, die die an der Kurve gemessene sogar um 0·11 ccm übersteigt.

Immerhin stimmen die Resultate so weit überein, daß die eingeschlagene Methode zur Bestimmung der Gaswechselgröße nicht ungeeignet erscheint. Der Versuch lehrt außerdem, daß es nicht richtig ist, Volumenabnahme bei der Atmung nur durch das Verschwinden von Sauerstoff aus der Atemluft zu erklären. In dem vorliegenden Fall ist der negative Gasdruck am Schluß des Experimentes allein auf Rechnung des verschwundenen Stickstoffes zu setzen.

Wir haben im vorhergehenden zwei Fälle kennen gelernt, in denen bei der Atmung von Schmetterlingspuppen in einer aus Kohlensäure und Stickstoff bestehenden Atmosphäre in wechselnder Menge Sauerstoff produziert worden ist. Es hat sich dabei als wahrscheinlich erwiesen, daß diese Sauerstoffzunahme wohl allein auf eine Spaltung der von den Puppen absorbierten Kohlensäure zurückzuführen ist. Die Puppen von Vanessa urticae und V. atalanta zeigen danach ein Verhalten, wie es bis jetzt nur bei Pflanzen und einzelnen einzelligen Tieren beobachtet wurde. Es scheint sich bei den Schmetterlingspuppen ein Lebensvorgang abzuspielen, es scheinen sich in dem Puppenorganismus Reduktionsvorgänge zu vollziehen, die in dem Kohlensäureassimilationsprozeß bei der Pflanze ein Analogon finden. Diese Analogie kann indessen nur dann als vollkommen gelten, wenn bei den Schmetterlingspuppen auch unter natürlicheren Verhältnissen Absorption und Spaltung der Kohlensäure zu beobachten ist, wenn die Kohlensäure keinem sauerstofffreien Gasgemenge, sondern der atmosphärischen Luft beigemischt wird. Die Experimente, die im folgenden mitgeteilt werden und sich von Ende November 1904 bis Juni 1905 erstrecken, gelten ausschließlich der Prüfung dieser zweiten Frage.

Der Gaswechsel der Puppen und Raupen verschiedener Schmetterlinge in kohlensäurereicher atmosphärischer Luft.

Zu diesen weiteren Versuchen verwendete ich die überwinternden Puppen vom Segelfalter (Papilio podalirius), vom Wolfsmilchschwärmer (Sphinx euphorbiae), der Tannenglucke (Lasiocampa pini), die Puppen und Raupen der ersten Generation vom kleinen Fuchs (Vanessa urticae) und die grünen Raupen des ebenfalls auf der Brennessel lebenden Wicklers Botys urticata. Eine Reihe Kontrollversuche wurden gleichzeitig mit jungen Brennesselpflanzen angestellt. Die Versuche erstreckten sich über die Monate November 1904 bis Juni 1905. Während der Wintermonate November bis Ende Februar beobachtetete ich in 113 Experimenten mit kohlensäurehaltiger, atmosphärischer Luft 37 mal Kohlensäureabsorption, aber nur viermal eine Abgabe von Sauerstoff. Die Monate März bis Juni waren, namentlich was die Abscheidung von Sauerstoff betraf, viel günstiger; in 116 Versuchen wurden 63 mal eine Aufnahme von Kohlensäure und 60 mal eine Abgabe von Sauerstoff beobachtet. Die Kohlensäureaufnahme verhielt sich in diesen Versuchen bei Nacht und bei Tag der Häufigkeit nach, wie 43:72 bzw. 20:44, die Sauerstoffabscheidung wie 47:72 bzw. 13:44. Wir sehen schon aus diesem Verhältnis, daß die Tagesbeleuchtung auf die Aufnahme der Kohlensäure, sowie auch auf die Sauerstoffabgabe günstig einwirkt. Wenn wir berücksichtigen, daß bei einem Teil der Nachtversuche das Licht nicht vollkommen abgeschlossen war, daß vielmehr die Puppen von Sonnenaufgang an belichtet waren, so zeigt sich die fördernde Wirkung des Lichtes auf die Sauerstoffabscheidung noch viel deutlicher. Es war nicht uninteressant zu vergleichen, wie sich die Pflanze in ihrer assimilatorischen Tätigkeit durch Licht und Dunkel beeinflussen ließ. Ich bediente mich, wie schon erwähnt, zu diesen Kontrollversuchen junger Brennesselpflanzen. Die Pflanzenversuche wurden gleichzeitig und somit unter genau denselben Bedingungen ausgeführt, wie die mit Puppen und Raupen. Es wurden im ganzen 17 Experimente mit der Brennessel ausgeführt; 9 Tages- und 8 Nachtversuche. In diesen 9 Tagesexperimenten war 7 mal Kohlensäureaufnahme und 8 mal Sauerstoffabgabe zu beobachten, während der Nachtexperimente wurden 3 mal Kohlensäure absorbiert und 2 mal Sauerstoff abgegeben. Das Verhältnis der Häufigkeit der Kohlensäureaufnahme bei Nacht und bei Tag war daher bei der Brennessel 7:9 bzw. 3:8. Für die Sauerstoffabgabe gestaltete es sich zu 8:9 bzw. 2:8. Vergleichen wir diese Quotienten, mit den vorhergehenden bei Schmetterlingspuppen und Raupen, so ergibt sich:

	1. Für Schmetterlingsraupen u. Puppen:		1. Für die Brennessel:	
	Häufigkeit		Häufigkeit	
	der CO_2-Produktion:	der O-Abgabe:	d. CO_2-Produkt.:	d. O-Abgabe:
bei Tag:	0·59	0·65	0·77	0·88
bei Nacht:	0·45	0·29	0·37	0·25

Bei der Pflanze hat somit verhältnismäßig öfter Kohlensäureassimilation stattgefunden wie beim Tier, was auch der Erwartung auf Grund der physiologischen Verschiedenheit beider Kategorien von Lebewesen durchaus entspricht. Nach dieser Durchschnittsberechnung reagiert die Pflanze noch empfindlicher auf Licht wie die Schmetterlingspuppe, ein Resultat, das zu ungunsten der Tiere ausfallen mußte, weil ich die Ergebnisse mit den verschiedensten Puppen- und Raupenformen in diese Berechnung hereinbezogen habe, von denen sich einzelne, wie wir noch sehen werden, für die Versuche als weniger geeignet erweisen. Wir werden aus dem folgenden entnehmen, daß sich die Puppen unter Umständen noch empfindlicher zeigen auf Lichtreiz wie die Pflanze. Eigentümlich ist es, daß sowohl bei der Pflanze wie beim Tier auch in der Dunkelheit Sauerstoffabgabe stattfinden kann, und wir werden uns fragen müssen, aus welcher Quelle den lebenden Organismen in diesen Fällen die Energie zur Spaltung der Kohlensäure fließen mag.

Die Atmungsversuche in kohlensäurereicher Atmosphäre während der Monate Dezember 1904 bis März 1905.

Es wurden in der folgenden Zusammenstellung selbstverständlich nur die Versuche berücksichtigt, bei denen Versuchsfehler ausgeschlossen waren. Auch habe ich mich darauf beschränkt, hier in dieser Serie von den Winterexperimenten nur diejenigen anzuführen, bei denen eine Kohlensäureabsorption oder Sauerstoffabgabe zu beobachten war; eine Zusammenstellung des ganzen Materials hätte zu weit geführt, um so mehr, da es mir hauptsächlich darum zu tun ist, zu zeigen, daß überhaupt von den Schmetterlingspuppen Kohlensäure aufgenommen und Sauerstoff abgegeben wird. Die Beeinflussung der Atmungsvorgänge durch die Anwesenheit größerer Mengen von Kohlensäure in der Atemluft ohne wahrnehmbare Assimilation werde ich bei anderer Gelegenheit erörtern.

Es seien hier nur die wichtigsten Analysenergebnisse angeführt:

Tagesversuch 12. 25. XII. 1904. Puppen v. Papilio podalirius Serie I. Gew. 13·48^{grm}. 5½ Stunden 14°C. 760^{mm} Hg. 11·90^{mm} Dampfsp. Vol.′ = 93·46, Vol.″ 87·2. Die Puppen lagen bei Frosttemperatur vor dem Fenster.

	Analyse′:		Analyse″:		Differenz:		Für 20^{grm} in 12 Std.
N =	62	54·26	59·2	48·33	— 2·8	— 5·93	—19·20
O =	16	14·00	13·4	10·94	— 2·6	— 3·06	— 9·90
CO_2 =	22	19·25	15·4	12·57	— 6·6	— 6·68	—21·62
	100·0	87·51	88·0	71·84	—12.0	—15·67	= Vol.-Abnahme.

Tagesversuch 13. 30. XII. 1904. 13·14^{grm} 6 Stunden. 18°C. 760^{mm} Hg. 15·35 Dampfsp. Vol.′ = 92·40, Vol.″ = 84·4. Puppen lagen in Zimmertemperatur.

	Analyse′:		Analyse″:		Differenz:		Für 20^{grm} in 12 Std.
N =	71·6	59·94	62·2	47·48	— 9·4	—12·46	—37·74
O =	16·4	13·73	12·2	9·31	— 4·2	— 4·42	—13·46
CO_2 =	12·0	10·05	10·0	7·63	— 2·0	— 2·42	— 7·36
	100·0	83·72	84·4	64·42	—15·6	—19·30	= Vol.-Abnahme.

Tagesversuch 14. 3. I. 05. 12·52^{grm}. 6 Stunden. 14 bis 15° C. 770^{mm} Hg. 11·90 bis 12·69^{mm} Dampfsp. Vol.′ 142·8, Vol.″ 137·4. Die Puppen lagen bei —5° bzw. —8° C. vor dem Fenster.

	Analyse′:		Analyse″:		Differenz:		Für 20^{grm} in 12 Std.
N =	70·6	95·65	71·8	98·61	+1·2	+2·96	+9·45
O =	17·0	23·03	17·2	23·63	+0·2	—0·60	+1·91
CO_2 =	12·4	16·80	11·0	15·11	—1·4	—1.69	—5·40
	100·0	135·48	100·0	137·35		+1·87	= Vol.-Zunahme.

Tagesversuch 15. 8. I. 05. Gew. = 12·52^{grm}. 4 Stunden. 14°C. 768^{mm} Hg. 11·90^{mm} Dampfsp. Vol.′ 96.8, Vol.″ 85·0. Puppen bei Zimmertemperatur gehalten.

	Analyse′:		Analyse″:		Differenz:		Für 20^{grm} in 12 Std.
N =	53·8	49·13	50·2	40·38	—3.6	— 8·75	—41·93
O =	11·6	10·00	9·4	7·56	—2·2	— 3·04	—25·30
CO_2 =	34·6	31·60	25·4	20·44	—9·2	—11·16	—50·56
	100·0	90.73	85.0	68·38		—15·0	= Vol.-Abnahme.

Tagesversuch 22. 8. I. 1905. Gew. = 10·68^{grm}. 7 Stunden. 14° C. 768^{mm} Hg. 11·9^{mm} Dampfsp. Vol.′ 119·1, Vol.″ 118. Puppen bei Zimmertemperatur gehalten.

	Analyse′:		Analyse″:		Differenz:		Für 20^{grm} in 12 Std.
N =	53·8	60·64	56·8	63.43	+3·0	+2·79	+11·28
O =	11·6	13·08	12·4	13.85	+0·8	+0·77	+ 2·47
CO_2 =	34·6	39·00	30·8	34·30	—3·8	—4·70	—15·09
	100·0	112·72	100·0	111·58		—1·14	= Vol.-Abnahme.

Tagesversuch 25. 27. I. Puppen von Sphinx euphorbiae. Gew. = 25.62^{grm}. $6^1/_2$ Stunden. 16^0C. 775^{mm}Hg. 13·53 Dampfsp. Vol.′ 108, Vol.″ 128. Versuch im Doppelgefäß angestellt.

	Differenz im leeren Abteil:	Differenz im Puppenabteil:	Gesamtdifferenz:	Für 20^{grm} in 12 Std.
N =	+16·82	—1·30	+15·52	+25·33
O =	+ 4·59	—0·87	+ 3·72	+ 6·07
CO_2 =	− 2·68	—2·78	— 5·66	— 9·21
			+13·58 ccm Vol.-Zunahme.	

Tagesversuch 28. 26. II. 1905. Gew. = $59·48^{grm}$. 9 Stunden. 14^0 C. 754^{mm} Hg. $11·9^{mm}$ Dampfsp. Vol.′ 310·2, Vol.″ 287 ccm.

	Analyse′:		Analyse″:		Differenz:		Für 20^{grm} in 12 Std.
N =	73	210·3	75·0	207·80	+2·0	— 2·50	—1·21
O =	17	48·9	15·0	41·55	—2·0	— 7·35	—3·29
CO_2 =	10	28·8	9·8	27·10	—0·2	— 1·70	—0·76
	100	288·0	99·8	276·45	—0·2	—11·55 = Vol.-Abnahme.	

In den übrigen Versuchen ergaben sich die Absorptions- bzw. Exhalationswerte, die im folgenden mitgeteilt sind:

I. In den Tagesversuchen mit Podalirius-Puppen:

(16) N =	—2·93	—8·11	(17)	+0·58	+ 2·38	(18) —4·64	14·95
O =	—0·76	—2·11		—1·31	— 5·38	—1·57	5·05
CO_2 =	—1·48	—4·10		—3·50	—14·40	—0·78	2·51
(19) N =	—2·84	—10·60	(20)	—1·25	—4·68	(21) 0·75	—2·59
O =	+0·86	+ 1·04		—1·04	—3·89	2·55	—8·81
CO_2 =	—2·25	— 8·45		—1·36	—5·09	2·18	—7·53

						Im Mittel für 20^{grm} in 12 Std.
(23) N =	—2·31	—9·41	(24)	—1·42	—5·08	N = —10·08 ccm
O =	—1·09	—4·44		—1·84	—6·58	O = — 6·11 „
CO_2 =	—0·52	—2·81		—0·75	—2·68	CO_2 = — 7·50 „

II. In den Tagesversuchen für Sphinx euphorbiae-Puppen:

(26) N =	— 1·65	—0·88	(27)	+0·72	+0·84
O =	— 5·62	—3·02		—1·46	—1·78
CO_2 =	—11·72	—6·32		—3·44	—4·03

Im Mittel für 20^{grm} in 12 Std.	Ohne Berücksichtigung des Versuches 25.
N = +6·02	N = —0·97
O = —0·50	O = —2·69
CO_2 = —5·08	CO_2 = —3·70

III. In den Nachtversuchen mit Puppen von Papilio podalirius:

(29) N =	—1·22	—1·27	(30)	—3·08	—4·99	(31) —2·65	—4·60
O =	—6·47	—6·58		—1·89	—3·06	—1·70	—2·99
CO_2 =	—6·06	—6·39		—0·64	—1·06	—2·36	—5·66

						Im Mittel für 20^{grm} in 12 Std.
(32) N =	—3·36	—5·59	(33)	—1·40	—1·56	N = —3·60 ccm
O =	—2·87	—4·99		—0·77	—0·86	O = —3·69 „
CO_2 =	—1·58	—2·75		—0·95	—1·20	CO_2 = —3·41 „

Überblicken wir die Größe und die Art und Weise des Gaswechsels der in kohlensäurereicher Luft gehaltenen Segelfalterpuppen, so sehen wir, daß in den aufgeführten Experimenten außer Kohlensäure auch Sauerstoff und Stickstoff von den Insekten aufgenommen wurde. Die Sauerstoffaufnahme war durchschnittlich eine geringere, als die der Kohlensäure und des Stickstoffs, die Stickstoffaufnahme durchschnittlich größer, als die Kohlensäureabsorption. Es ist eigentümlich, daß in diesen Experimenten eigentlich nicht von einem Gaswechsel gesprochen werden kann, sondern nur von einer Gasaufnahme; die Schmetterlingspuppe entnimmt hier der Atmosphäre alle Stoffe, die sie zum Aufbau ihres Organismus nötig hat, und wenn auch in hier nicht aufgeführten, dazwischenliegenden Versuchen Kohlensäure als Oxydationsprodukt abgegeben wurde, oder eine Abscheidung von Stickstoff stattfand, so bleibt, wenn wir den Durchschnitt ziehen, doch noch ein Plus, das in einer Gewichtszunahme der Puppen in die Erscheinung tritt. Die Aufnahme von atmosphärischem Stickstoff scheint somit bei Tieren allgemein stattzufinden, sobald ihnen durch die Nahrung dieser Baustoff nicht zugeführt wird. So fanden Regnault und Reiset,[1] daß bei Vögeln sowohl im Hungerzustand, als auch bei plötzlich eintretendem Nahrungswechsel, bei der Atmung Stickstoff konsumiert wurde. Dasselbe Phänomen wurde auch bei Murmeltieren, die sich im Winterschlaf befanden, konstatiert. Es handelte sich hier allerdings um viel kleinere Quantitäten; aber für das Prinzip der Frage genügt es, festgestellt zu haben, daß überhaupt eine Absorption dieses Gases stattfindet. Die Menge des aufgenommenen Gases ist jedenfalls immer individuellen Schwankungen unterworfen.

Die Stickstoffaufnahme ist, wie wir aus den Experimenten entnehmen können, unabhängig vom Partialdruck des Gases, ebenso von der Temperatur, bei der sich die Atmung vollzog. Die beiden Absorptionsmaxima ergaben sich zwar unter ziemlich gleichen Temperaturverhältnissen, bei 18° C. (37·74^{ccm}) Versuch 13 und bei 14° (41·93) Versuch 15; die drittgrößte Absorption (19·2^{ccm}) Versuch 12 fand aber an einem Tage statt, wo die Puppen während des Versuchs dem Frost ausgesetzt waren. Viel eher kann man sagen, daß Tag und Nacht, daß auch hier die Beleuchtung die Stickstoffabsorption beeinflusse, denn die nächtliche Durchschnittsaufnahme für 20^{grm} Puppen und 12 Stunden Versuchsdauer berechnet, bleibt weit hinter der täglichen zurück; sie verhält sich zu dieser wie 1:3. Es ist eigentümlich, daß wir in den Versuchen, die von März bis Juni angestellt worden sind, eine ähnlich deutliche Beziehung zur Beleuchtung nicht mehr

[1] Regnault et Reiset, a. a. O. S. 452, 438 und 441.

erkennen können. Möglicherweise, daß die Puppen zu gewissen Zeiten ihrer Entwicklung zur Stickstoffaufnahme mehr disponiert sind, als zu anderen, wie ja auch nicht jede Art in gleicher Weise geneigt ist, dieses Gas in sich aufzunehmen. So blieben z. B. in den mitgeteilten Versuchen die Puppen von Sphinx euphorbiae in der Stickstoffabsorption hinter denen von P. podalirius weit zurück. Mittelwert: +6·02 bzw. —0·97: —10·08, für 20grm Puppen und 12 Stunden Versuchsdauer berechnet. Eine deutliche Abhängigkeit vom Licht zeigt, wie zu erwarten, auch die Kohlensäureabsorption. Wir finden einen Tagesdurchschnitt von 7·5ccm und einen

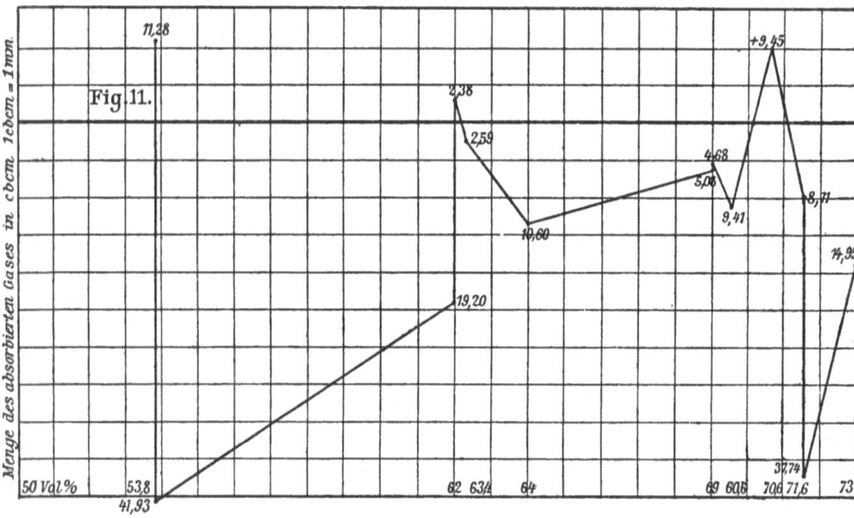

Konzentration des Gases in Volumprozenten.

Fig. 11.

Stickstoffabsorption im Verhältnis zur Konzentration des Gases in der Atemluft.

1 Vol.-Prozent = 1 Quadrat, 1 ccm = 1 mm.

nächtlichen Durchschnitt von 3·41 ccm. Ähnlich verhält sich die Puppe zum Sauerstoff. Bei Tag nahmen die Puppen in diesen Versuchen durchschnittlich 6·11 ccm Sauerstoff auf, bei Nacht 3·69ccm.

Sauerstoffabgabe wurde während der Wintermonate nur in vier Fällen beobachtet, zweimal nach starker Abkühlung der Puppen, Versuche 14 und 19 (dieselben lagen vor dem Fenster in einer Temperatur von —2 bis —8° C.) und zweimal bei Zimmertemperatur, Versuche 22 und 25, und wir sehen daraus, daß auch in bezug auf den Sauerstoffabscheidungsprozeß die umgebende Temperatur, solange es sich nicht um hohe Temperaturen über 25° C. handelt, von geringer Bedeutung ist. Die Unabhängigkeit der Gasabsorption von der Temperatur läßt auch schon von vornherein den Schluß zu, daß die Gasaufnahme von dem Partialdruck, den das Gas ausübt, wenig beeinflußt wird. Wir haben bereits erwähnt, daß sich die Stickstoffabsorption ganz unabhängig von dem Prozentgehalt des Gases erweist; auch für die Sauerstoffaufnahme läßt sich dies als Regel aufstellen; die verhältnismäßig größte Absorption von 25 ccm für 20 grm Puppen und 12 Stunden Versuchsdauer berechnet, fand in Versuch 15 bei 11 Volumprozent und 14° C. statt; die verhältnismäßig geringste Aufnahme von 1·78 ccm für 20 grm und 12 Stunden Versuchsdauer berechnet, ergab sich bei 15 Volumprozent 0 und 16° C. in Versuch 27.

Die Kohlensäureabsorption scheint, innerhalb bestimmter Grenzen, von der Konzentration des Gases in der Atmosphäre beeinflußt zu werden. Wir sehen wenigstens hier in einzelnen Fällen die Absorption des Gases mit seinem Prozentgehalt in der Atmosphäre deulich steigen und fallen; dazwischen treten aber auch wieder Schwankungen auf, die gegen eine direkte und einfache Abhängigkeit von Partialdruck und Absorption sprechen. So haben wir z. B. bei Versuch 12 einen Prozentgehalt der Atemluft an Kohlensäure von 22 Volumprozent und eine Absorption von 21·62 ccm zu verzeichnen, Temperatur 14° C. In Versuch 17 ist der Kohlensäuregehalt ebensogroß, die Aufnahme bei Frosttemperatur nur 14·4 ccm, und in Versuch 19 sinkt sie ebenfalls bei niederer Temperatur auf 8·45 ccm. Wenn auch angenommen werden muß, daß das Gefrieren der Säfte für die Luftabsorption ungünstig war, so zeigt uns Versuch 26, daß dieselben Unregelmäßigkeiten in Zimmertemperatur bei 16° C., also unter sehr günstigen Bedingungen vorkommen; hier entspricht einem Kohlensäuregehalt von 23·2 ccm eine Absorption von 6·32 ccm. In den beigegebenen Kurven habe ich versucht, die Abhängigkeit der Gasabsorption von Temperatur und Konzentration des Gases in der Atemluft in anschaulicher Weise zum Ausdruck zu bringen. Auf der Abszissenachse findet sich der Gehalt der Atemluft an Gas, in Volumenprozenten ausgedrückt, abgetragen; auf der Ordinatenachse sind die Absorptionswerte verzeichnet.

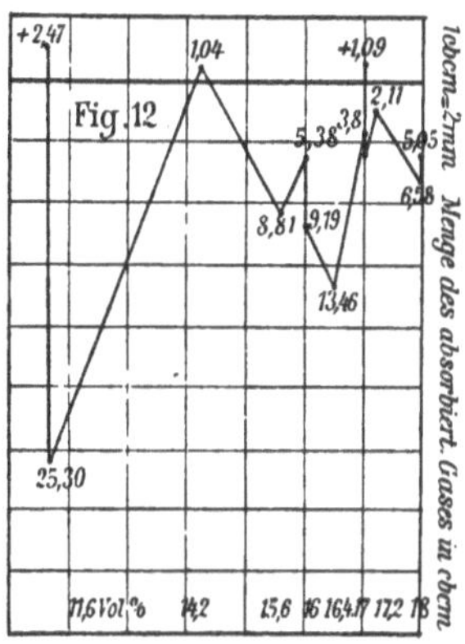

Konzentration des Gases in Volumprozenten.

Fig. 12.
Sauerstoffabsorption im Verhältnis für Konzentration des Gases in der Atemluft.
1 Vol.-Proz. = 1 Quadrat, 1 ccm = 1 mm.

Wenn wir alle hier besprochenen Momente berücksichtigen, so gelangen wir zu dem Ergebnis, daß die Aufnahme von Gasen von seiten des Puppenorganismus in erster Linie von dem Einfluß des Lichtes, von dem Wechsel von Tag und Nacht abhängt und sich aber auch hier mit der physiologischen Disposition des Tieres verändern kann. Dieselben Puppen, die heute auf hell und dunkel scharf reagieren, zeigen sich morgen wenig beeinflußbar.

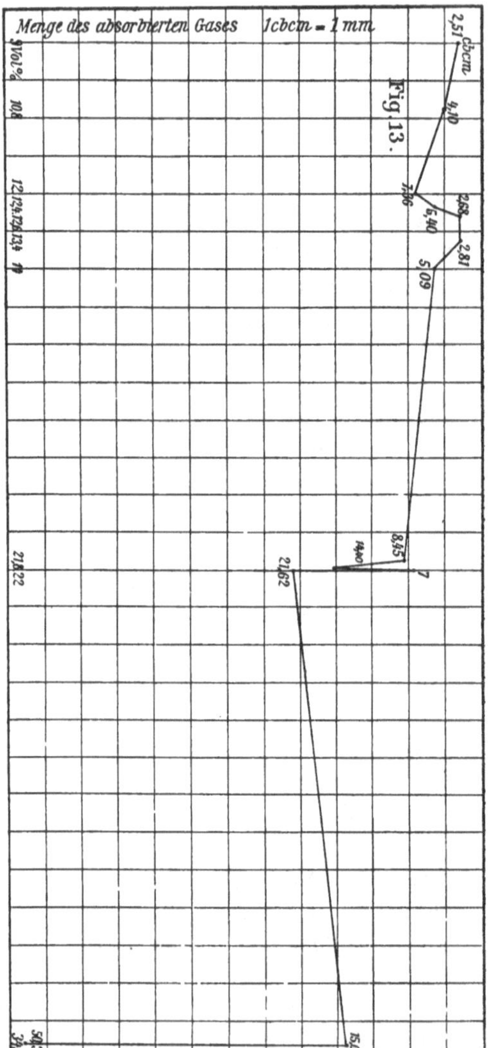

Konzentration des Gases in Volumprozenten.

Fig. 13.

Kohlensäureabsorption im Verhältnis zur Konzentration des Gases in der Atemluft.

1 Vol.-Prozent = 1 Quadrat, 1 ccm = 1 mm.

Insoweit auch durch andere äußere Faktoren ein physiologischer Reiz ausgeübt wird, müssen selbstverständlich auch Temperaturschwankungen, muß auch der erhöhte Partialdruck der Kohlensäure, die ja bekanntlich ein für die Lebenstätigkeit des Protoplasmas nicht indifferentes Gas darstellt, verändernd auf die Absorptionsfähigkeit einwirken. Da aber die lebendige Substanz heute empfindlicher, morgen weniger empfindlich auf äußere Reize ist, so wird die Reizwirkung nie ihren Ausdruck in einer mathematischen Proportion finden können, was bei einem rein physikalischen Absorptionsprozeß der Fall wäre. Insofern niedere Temperatur die Oxydationsprozesse im Körper verlangsamt, insofern dadurch auch die Muskeltätigkeit beim Insekt herabgesetzt wird, dürfte die Aufnahme von Sauerstoff bei kühler Außentemperatur eine geringere, die Kohlensäureabsorption vielleicht eine größere werden; es läßt sich aber nicht annehmen, daß sich in solchen Fällen die Absorptionsgröße genau proportional mit der Temperatur verändert. Es ist vielmehr zu vermuten, daß, sobald eine bestimmte Empfindlichkeitsgrenze überschritten ist, sich auch die Reaktionsfähigkeit des Organismus ändert, um auch dann wieder nur innerhalb bestimmter Grenzen dieselbe zu bleiben, selbst wenn der Reiz sich verstärkt oder vermindert; jedenfalls müssen wir immer die Reaktionsbreite in Rechnung ziehen, die großen individuellen Schwankungen unterworfen ist und von den verschiedensten inneren und äußeren Faktoren abhängt.

Ergebnisse der Gasanalyse der zu verschiedenen Zeiten gesammelten Stichproben, aus den Versuchen von 1906.

14. Januar 1906. Tagesversuch bei 8·8 Prozent CO_2.

	Vor der Atmung	Nach der Atmung	Differenz
N	= 229·8	= 227.2	= —2·6
O	= 56·38	= 55·23	= —1·15
CO_2	= 27·58	= 27·93	= + 0·35

19. bis 20. Januar 1906. Nachtversuch bei 6 Prozent CO_2. 15 Stunden.

	Vor der Atmung	Nach der Atmung	Differenz
N	= 233·3	= 226·9	= — 6.4
O	= 59·31	= 48·90	= —10·4
CO_2	= 18·34	= 18·86	= + 0·54

20. Januar 1906. Tagesversuch. 10 Prozent CO_2. Sonnenschein. 6 Std.

	Vor der Atmung	Nach der Atmung	Differenz
N	= 224·2	= 225·8	= —1·5
O	= 56·4	= 53·7	= —1·42
CO_2	= 31·32	= 26·23	= —5·09

22. Januar 1906. Tagesversuch bei 7·4 Prozent CO_2. $7^1/_4$ Stunden.

	Vor der Atmung	Nach der Atmung	Differenz
N	= 229·5	= 228·1	= —1·4
O	= 60·03	= 56·88	= —3·15
CO_2	= 23·14	= 20·70	= —2·44

29. Januar 1906. Tagesversuch bei 15 Prozent CO_2. $6^1/_2$ Stunden.

	Vor der Atmung	Nach der Atmung	Differenz
N	= 211·7	= 208·7	= —3·0
O	= 52·92	= 49·51	= —3·41
CO_2	= 46·69	= 39·96	= —6·73

5. Februar 1906. Tagesversuch bei 14 Prozent CO_2.

	Vor der Atmung	Nach der Atmung	Differenz
N	= 212·5	= 208·2	= —4·3
O	= 54·67	= 48·0	= —6·67
CO_2	= 43·49	= 41·40	= —2·09

12. Februar 1906. Tagesversuch bei 15·6 Prozent CO_2. $5^3/_4$ Stunden. Die Puppen bewegten sich sehr lebhaft.

	Vor der Atmung	Nach der Atmung	Differenz
N	= 205·2	= 201·6	= —3·6
O	= 49·49	= 45·07	= —4·42
CO_2	= 47·07	= 49·80	= + 2·73

12. bis 13. Februar 1906. Nachtversuch. 14 Stunden.

	Vor der Atmung	Nach der Atmung	Differenz
N	= 214·8	= 207·0	= — 7·8
O	= 52·95	= 42·22	= —10·73
CO_2	= 39·56	= 46·05	= + 6·49

16. März 1906. Tagesversuch. $6^1/_2$ Stunden.

	Vor der Atmung	Nach der Atmung	Differenz
N	= 231·1	= 230·2	= —0·9
O	= 60·91	= 58·19	= —2·72
CO_2	= 21·97	= 21·28	= —0·69

17. März 1906. Tagesversuch. $8^1/_2$ Stunden.

	Vor der Atmung	Nach der Atmung	Differenz
N	= 217·2	= 210·9	= —6·3
O	= 54·51	= 44·62	= —9·89
CO_2	= 47·91	= 50·12	= + 2·21

Die Atmungsversuche in kohlensäurereicher Atmosphäre während der Monate März bis Juni.

Eine Trennung der Darstellung der während der Wintermonate und im Frühjahr ausgeführten Atmungsversuche in kohlensäurereicher Atmosphäre schien mir deshalb geboten, weil sich die Puppen, wie wir aus dem Vergleich der jetzt folgenden und der vorhergehenden Resultate ersehen werden, im Winter und Frühjahr recht verschieden verhalten. Während der Wintermonate war die Kohlensäureaufnahme eine zeitweise sehr ergiebige; allein in den wenigsten Fällen war gleichzeitig Sauerstoffabscheidung zu beobachten. Mit Eintritt des Frühjahrs änderten sich die Verhältnisse, indem sich jetzt fast regelmäßig neben der Kohlensäureaufnahme eine Abgabe von Sauerstoff wenigstens bei Tag nachweisen ließ. Möglicherweise waren auch jetzt die Versuchsbedingungen zum Sauerstoffnachweis günstiger, weil ich während der Universitätsferien zu früherer Stunde analysieren konnte und so bei den Tagesversuchen die Analysen noch bei Sonnenbeleuchtung ausgeführt wurden.

Um den Einfluß des Lichtes auf den Verlauf der Experimente deutlich zur Anschauung zu bringen, werden auch hier die bei Tagesbeleuchtung, bei monochromatischem Licht und bei Nacht ausgeführten Experimente getrennt voneinander aufgeführt und besprochen.

I. Atmungsversuche mit Puppen von Papilio podalirius, Serie II.

1. Tagesversuche:

Versuch 42. 22.III.1905. Puppen von P. podalirius Serie II. Gew. = 12·81grm. 7·5 Stunden. 15·5 bis 16°C. 754mm Hg. 13·1 bis 13·5mm Dampfsp. Vol.′ 117·3, Vol.″ 115·4.

	Analyse′:		Analyse″:		Differenz:		Für 20grm in 12 Std.
N =	61·2	66·23	59·80	63·51	—1·4	—2·72	—6·79
O =	11·8	12·77	13·20	14·02	+1·2	+1·25	+3·12
CO_2 =	27·0	29·22	27·00	28·68	±0·0	—0·54	—1·34
	100·0	108·22	100·00	106·21		—2·01	= Vol.-Abnahme.

Versuch 43. 23. III. 12·81grm. 2 Stunden. 15 bis 16°C. 752mm Hg. 12·69 bis 13·5mm Dampfsp. Vol.′ 117·3, Vol.″ 114·6.

	Analyse′:		Analyse″:		Differenz:		Für 20grm in 12 Std.
N =	77·2	77·74	71·8	75·53	—0·4	—2·21	—20·74
O =	15·4	16·59	16·0	16·83	+0·6	+0·24	+ 2·24
CO_2 =	12·2	13·19	12·2	12·83	±0·0	—0·36	— 3·37
	99·8	107·52	100·0	105·19		—2·3	= Vol.-Abnahme.

Versuch 48. 27.III. 12·88grm. 7·5 Stunden. 16°C. 745mm Hg. 13.5mm Dampfsp. Vol.′ 117·6, Vol.″ 117·2.

	Analyse′:		Analyse″:		Differenz:		Für 20grm in 12 Std.
N =	73·4	78·32	71·4	76·08	—2·0	—2·24	—5·99
O =	14·6	15·58	16·0	17·05	+1.6	+1·47	+3·67
CO_2 =	12·0	12·80	12·2	12·79	+0·2	—0·01	—0·24
	100·0	106·70	99·6	105·92		—0·78	= Vol.-Abnahme.

Versuch 40. 20.III. 13·08grm. 8 Stunden. 16°C. 756mm Hg. 13·53mm Dampfsp. Vol.′ 117·7, Vol.″ 115·4. Die Puppen lagen in der prallen Sonne und hatten 0·535grm an Gewicht abgenommen als der Versuch beendet war.

	Analyse′:		Analyse″:		Differenz:		Für 20grm in 12 Std.
N =	60·6	75.59	67·6	71·90	—2·0	—3.69	—8·46
O =	14·4	15·64	14·6	15·54	+0·2	—0.10	—0·22
CO_2 =	16·0	17·37	17·8	18·96	+1·8	+1·59	+3·64
	100.0	108·60	100·0	106·40		—2·20	= Vol.-Abnahme.

Weitere Ergebnisse. Versuch:

(44)	N	=−2·35	−5·03	(45)	−1.54	−5·05	(46)	−2·28	−21·30
	O	=+0·56	+1·22		+0·82	+2·67		+0·53	+ 4·93
	CO_2	=−0·51	−1·09		−0·94	−3·06		+0·39	+ 3·65
(47)	N	=−4·40	−10·31	(49)	−3·02	−6·74	(34)	−3·10	−7·00
	O	=+0·94	+ 2·20		+1·04	+2·32		+0·14	+0·31
	CO_2	=−0·44	− 1·03		+0·45	+1·16		+0·20	+0.45
(35)	N	=−0·76	−1·71	(36)	−3·10	−7·93	(37)	−1·94	−5·63
	O	=+0.15	+0·33		−0·10	−0·25		+0·70	+2·03
	CO_2	=−1·38	−3·11		+0·83	+2·12		+1·10	+3·19
(38)	N	=−3·56	−10·34	(39)	−2·12	−5·55	(41)	−3·17	−10·71
	O	=+0·42	+ 1·22		+0·60	+1·73		+0·16	+ 0·54
	CO_2	=−0·03	− 0·08		−0·75	−1·96		−0·40	− 1·35

Im Mittel für 20 grm in 12 Stunden.

N = −8·62
O = +1·69
CO_2 = −0·08

2. Nachtversuche:

Versuch 51. 8. bis 9. III. 12·50 grm. 14 Stunden. 14° C. 755—750 mm Hg. 11·9 mm Dampfsp. Vol.′ 117·19, Vol.″ 115.

	Analyse′:		Analyse″:		Differenz:		Für 20 grm in 12 Std.
N =	76·4	82·60	76·4	80·11	±0·0	−2.49	−3·41
O =	18·2	19·94	16·8	17·85	−1·4	−2·09	−2.86
CO_2 =	5·4	5·91	6·8	7·22	+1·4	+1·31	+1·79
	100·0	108·45	100·0	105·18		−3·27 = Vol.-Abnahme.	

Versuch 63. 24. bis 25. III. 12·81 grm. 15 Stunden. 17 bis 16° C. 753 bis 752 mm Hg. 14·4 bis 23·5 mm Dampfsp. Vol.′ 117·3, Vol.″ 113·6.

	Analyse′:		Analyse″:		Differenz:		Für 20 grm in 12 Std.
N =	70·4	75·55	70·6	73·61	+9·2	−1·94	−2·42
O =	14·6	15·67	14·0	14·60	−0·6	−1·07	−1·33
CO_2 =	15·0	16·10	15·4	16·06	+0·4	−0·04	−0·04
	100·0	107·32	100·0	104·27		−3·05 = Vol.-Abnahme.	

Gemischte Nacht- und Tagesversuche:

Versuch 61. 20. bis 21. III. 12·81 grm. 14 Stunden. 16° C. 756 mm Hg. 13·53 mm Dampfsp. Vol.′ 117·3, Vol.″ 112·4. Die Puppen waren von 6 Uhr 30 Min. vorm. an belichtet.

	Analyse′:		Analyse″:		Differenz:		Für 20 grm in 12 Std.
N =	64·4	69·70	65·0	67·42	−0·6	−2·28	−2·98
O =	12·8	13·87	14·0	14·52	+1·2	+0·65	+0·85
CO_2 =	20·8	22·52	20·8	21·57	±0·0	−0·95	−1·24
	98·0	106·09	99·8	103·51		−2·58 = Vol.-Abnahme.	

Versuch 53. 10. bis 11. III. 12·71grm. 15 Stunden. 15° C. 751 bis 745mm Hg. 12·69mm Dampfsp. Vol.′ 117·7, Vol.″ 112·4.

	Analyse′:		Analyse″:		Differenz:		Für 20grm in 12 Std.
N =	61·40	66·57	59·4	61·27	—2·0	—5·30	—6·67
O =	11·40	12·36	12·6	13·01	+1·2	+0·65	+0·81
CO_2 =	27·20	29·49	27·6	28·94	+0·4	—0·55	—0·69
	100·0	108·42	99·6	103·22		—5·20	= Vol.-Abnahme.

Weitere Ergebnisse.

a) Der reinen Nachtversuche:

(52)	N =	**—1·48**	—1·95	(54)	**—2·75**	—5·05	(55)	**—4·77**	—6·43
	O =	**—2·10**	—2·78		**—0·81**	—1·09		**—0·02**	—0·02
	CO_2 =	**—0·01**	—0·10		**—1·83**	—2·46		**+2·03**	+2·73
(57)	N =	**—1·68**	—1·98	(59)	**—6·78**	—8·88	(60)	**—3·22**	—3·81
	O =	**—4·98**	—5·97		**—0·03**	—0·03		**—1·30**	—1·53
	CO_2 =	**+1·00**	+1·18		**+3·77**	+4·94		**+0·26**	+0·30
(62)	N =	**—4·49**	—6·23	(65)	**—4·10**	—6·41	(68)	**—1·86**	—2·49
	O =	**—0·90**	+1·25		**+0·25**	+0·39		**—1·07**	—1·43
	CO_2 =	**+0·92**	+1·27		**—0·28**	—0·43		**—0·02**	—0·02

b) Gemischte Nacht- und Tagesversuche:

(56)	N =	**—4·66**	—9·61	(58)	**—1·91**	—1·62	(64)	**—4·88**	—6·30
	O =	**+0·94**	+1·22		**—2·18**	—1·85		**+0·22**	+0·28
	CO_2 =	**+0·05**	+0·06		**—1·55**	—1·31		**—0·05**	—0·06
(66)	N =	**—3·80**	—6·04	(67)	**—1·38**	—2·01			
	O =	**—0·06**	—0·93		**+0·68**	+0·65			
	CO_2 =	**+2·12**	+3·30		**—0·45**	—0·99			

a) Mittel für 20grm in 12 Std.		b) Mittel für 20grm in 12 Std.	
N =	—4·44	N =	—5·03
O =	—1·41	O =	+0·14
CO_2 =	+0·83	CO_2 =	—0·13

3. Versuche bei monochromat. Beleuchtung.

a) In blauem Licht:

(69)	N =	**—2·33**	—6·21	(70)	**—5·15**	—13·7
	O =	**—1·50**	—3·99		**+0·06**	+ 0·16
	CO_2 =	**—0·98**	—2·69		**+1·62**	+ 4·42

b) In rotgelbem Licht:

(71)	N =	**—3·56**	—9·84	(72)	**—2·05**	—4·93
	O =	**+1·01**	+2·79		**+0·97**	+2·09
	CO_2 =	**—0·41**	—1·13		**—1·08**	—2·60

Zusammenstellung der Analysenergebnisse.

Tagesexperimente.

1. Kohlensäure-aufnahme:	2. Sauerstoff-abgabe:	3. Sauerstoff-aufnahme:	4. Kohlensäure-abgabe:	5. Stickstoff-aufnahme:
1·38	0·14	0·10	0·20	3·10
0·03	0·15	0·10	0·83	0·76
0·75	0·70	Sa. 0·20	1·10	3·10
0·40	0·42		1·59	1·94
0·54	0·60		0·39	3·56
0·36	0·16		0·45	2·12
0·51	1·25		0·25	3·69
0·94	0·24		Sa. 4·31	3·17
0·44	1·56			2·72
0·01	0·82			2·21
Sa. 5·36	0·53			2·35
	0·94			1·54
	1·47			2·28
	1·04			4·40
	0·18			2·24
	Sa. 10·70			3·02
				1·98
				Sa. 44·18

Nachtexperimente.

1.	2.	3.	4.	5.
0·10	0·94	2·09	1·31	2·49
0·55 belichtet	0·65 belichtet	2·10	2·03	1·48
1·83	0·65 „	0·81	0·05 belichtet	5·30
1·55 „	0·90 „	0·02	1·00	2·75
0·95 „	0·22	4·98	3·77	4·77
0·04	0·25	2·18	0·26	4·66
0·05	0·68 „	0·03	0·92	1·68
0·28	4·29	1·30	2·12 „	1·91
0·45	„ 10·70	1·07	11·46	6·78
0·20	Ges.-Sa. 14·99	0·06	4·31	3·22
6·00		1·07	Ges.-Sa. 15·77	2·28
5·36		15·71		4·49
Ges.-Sa. 11·36		0·20		1·94
		Ges.-Sa. 15·91		4·88
				4·10
				3·80
				1·38
				1·86
				59·77
				44·18
				Ges.-Sa. 103·95

Unter rotgelber Glocke:

1. Kohlensäure-aufnahme:	2. Sauerstoff-abgabe:	3. Sauerstoff-aufnahme:	4. Kohlensäure-abgabe:	5. Stickstoff-aufnahme:
0·41	1·01			3·56
1·08	0·97			2·05
1·49	1·98			5·61

Unter blauer Glocke:

1.	2.	3.	4.	5.
0·98	0·06	1·50	1·62	2·33
2·47	2·04	15·91	15·77	5·15
11·36	14·99	17·41	17·39	7·48
13·83	17·03			5·61
				103·95
				117·04

Assimilatorischer Quotient: $\frac{CO_2}{O_2} = \frac{13 \cdot 83}{17 \cdot 03} = 0.812$

Respiratorischer Quotient: $\frac{CO_2}{O_2} = \frac{17 \cdot 39}{17 \cdot 41} = 0 \cdot 998$

Gasaufnahme:		Gasabgabe:	
N	= 117·04	N	= 0·0
O	= 17.41	O	= 17·03
CO_2	= 13·83	CO_2	= 17·39
	148·28		34·42

Es hat eine Mehraufnahme von 113·86 ccm Gas stattgefunden, davon entfallen auf: N = 117·04, O = 0·38. Die Mehrabgabe von CO_2 war = 3·56 ccm.

Wir ersehen aus den Tabellen, daß in kohlensäurereicher Atmungsluft bei Tag öfters Kohlensäure absorbiert wurde als bei Nacht, d. h. wenn die Puppen dunkel lagen, und daß namentlich, mit drei Ausnahmen, nur bei Tag Sauerstoff abgegeben wurde. Während der Nacht fand in der Regel Sauerstoffaufnahme statt, die zum Teil mit einer ausgiebigen Kohlensäureabgabe verbunden war. In 17 Tagesversuchen wurde von den Puppen 5·36 ccm Kohlensäure absorbiert; während der im Dunkeln ausgeführten Nachtexperimente betrug die Kohlensäureaufnahme in 18 Versuchen 2·5 ccm. An Sauerstoff wurde in 17 Tagesexperimenten abgeschieden: 10·7 ccm, in den Nachtversuchen, während denen die Puppen ganz im Dunkeln lagen, nur 1·41 ccm. Die Kohlensäureabgabe verhielt sich bei Tag und bei Nacht wie 4·31 ccm : 11·46 ccm, die Sauerstoffaufnahme wie 0·20 : 15·71. Wir sehen somit hieraus, daß bei den Schmetterlingspuppen bei Tag der assimilatorische Gasaustausch überwiegt. Diese Tatsache kommt noch deutlicher zum Ausdruck, wenn wir die Mittelwerte berechnen, die sich für 20 grm Puppensubstanz und 12 Stunden Versuchsdauer ergeben; wir erhalten dann:

1. bei den Tagesversuchen die Durchschnittszahlen:

N = −8·62
O = +1·69
CO_2 = −0·08

2. bei reinen Nachtversuchen:	3. bei gemischten Nachtversuchen:
N = —4·44	N = —5·03
O = —1·41	O = +0·14
CO_2 = +0·83	CO_2 = —0·13

Die Tagesversuche ergeben die größte Stickstoffabsorption, kleiner ist die Stickstoffabsorption in den gemischten Nachtversuchen, am kleinsten in den reinen Nachtversuchen. Die Stickstoffaufnahme steht somit in diesen Versuchen wieder in ganz deutlicher Abhängigkeit vom Licht. Bei Nacht ist sie nur halb so groß wie bei Tag. Sauerstoffabgabe findet bei der Durchschnittsberechnung nur bei Tagesversuchen und bei gemischten Nachtversuchen statt, bei den letzteren beträgt die abgegebene O-Menge den zehnten Teil derjenigen in den Tagesversuchen. Die Sauerstoffaufnahme in den reinen Nachtversuchen ist im Durchschnitt fast ebensogroß wie die Sauerstoffabgabe in den Tagesexperimenten. Die Kohlensäureabsorption gestaltet sich merkwürdigerweise bei den gemischten Nachtversuchen größer als bei den Tagesversuchen. In den reinen Nachtversuchen ergibt die Durchschnittsberechnung nur Kohlensäureabgabe.

Die während der ganzen Versuchsperiode abgegebene und für jeden einzelnen Versuch berechnete Sauerstoffmenge beträgt 17·03 ^{ccm}; die absorbierte Kohlensäure ist = 13·83 ^{ccm}. Als bei der Atmung aufgenommenes Sauerstoffquantum fand ich 17·41 ^{ccm}, an Kohlensäure abgegeben wurde 17.39 ^{ccm}. Der assimilatorische Quotient beträgt demnach 0·812, der respiratorische Quotient 0·998.

Auch bei der Pflanze überwiegt bei der Assimilation die Sauerstoffabgabe, so daß auch hier der assimilatorische Quotient meistens kleiner ist als 1. Der respiratorische Quotient ist dagegen bei der Pflanze meist größer als 1. Die Kohlensäureabgabe übersteigt dann die Sauerstoffaufnahme, doch sind auch bei der Pflanze assimilatorischer und respiratorischer Quotient durch die verschiedensten Einwirkungen und Wachstums- bzw. Entwicklungszustände zu beeinflussen.

In seinen Untersuchungen über „Assimilation und Atmung der Pflanzen" wurde von Kreusler[1] darauf aufmerksam gemacht, daß bei Pflanzen auch der Atmungsprozeß bei Tag weiterläuft und daß deshalb bei der Berechnung der gefundene Betrag der assimi-

[1] U. Kreusler, Über eine Methode zur Beobachtung der Assimilation und Atmung der Pflanzen und über einige diese Vorgänge beeinflussende Momente. *Landw. Jahrb.* VII. Jahrg. 1878. S. 913—965. 2 Taf. 6 Tabellen. — Beobachtungen über die Kohlensäureaufnahme und -Ausgabe (Assimilation und Atmung) der Pflanzen. *Ebenda.* XVI. Jahrg. 1887. S. 711—750. 1 Taf., und *ebenda.*. XII. Jahrg. 1888. S. 161—175.

lierten Kohlensäure um das bei der Atmung abgegebene Kohlensäurevolumen zu erhöhen ist. Auf diese Weise würde sich auch hier sowohl die Kohlensäureaufnahme, als auch die Sauerstoffabgabe wesentlich höher gestalten.

Berechnung der durchschnittlichen Atmungstätigkeit aus den Nachtexperimenten, in denen nur geatmet wurde.

CO_2-Abgabe		O-Aufnahme
1·31	(8— 9/III)	2·09
2·03	(13—14 „)	0·02
1·00	(15—16 „)	4·98
3·77	(17—18 „)	0·03
0·26	(19—20 „)	1·30
2·12	(27—28 „)	0·06
6 : 10·49 = 1·74		6 : 8·48 = 1·41

Durchschnittliche CO_2-Abgabe in 14 bis 16 Std. CO_2 = 1·74, in 7 bis 8 Std. = **0·87**.

Durchschnittliche O-Aufnahme in 14 bis 16 Std. O = 1·41, in 7 bis 8 Std. = **0.70**.

Wenn wir annehmen, daß die tägliche Atmung der Puppe ebensogroß ist wie im Durchschnitt der nächtliche Atmungsprozeß, so wären zu den gefundenen Werten der assimilierten Kohlensäure noch durchschnittlich und abgerundet 0·80 ccm als die bei der Atmung produzierte Kohlensäure dazu zu zählen; 0·8 ccm ist das halbe Volumen der Kohlensäure, das durchschnittlich während der Nachtversuche, in denen keine Assimilation stattfand, von den Puppen produziert worden ist. Die Nachtversuche hatten eine Dauer von 14 bis 16 Stunden, die Tagesversuche von 7 bis 8 Stunden, so daß angenommen werden darf, daß auch die abgegebene CO_2-Menge bei Tag nur halb so groß war wie bei Nacht. Wenn nun durch die Atmung ein Betrag von ungefähr dieser Höhe täglich abgegeben wird, so hat die Puppe dieses Quantum noch mehr zu zersetzen, ehe der Effekt der Assimilation positiv nachgewiesen werden kann, ehe ein Verbrauch von Kohlensäure zu konstatieren ist. Ebenso müßte durch die Puppen in Wirklichkeit um so viel mehr Sauerstoff abgegeben werden, als bei der Atmung verbraucht wurde, und die hier gefundenen Werte wären demnach auch für die Sauerstoffproduktion um 0·7 ccm zu erhöhen, da 1·4 im Durchschnitt der Wert der nächtlichen Sauerstoffaufnahme darstellt. Um wenigstens ein annähernd richtiges Bild von der während der ganzen Versuchsperiode von den Puppen entwickelten Assimilationsenergie zu erhalten, sind die bei der Atmung abgegebenen Kohlensäuremengen bzw. das verbrauchte Sauerstoffvolumen der absorbierten Kohlensäure und dem abgegebenen Sauerstoff zuzuzählen, was, wie wir aus den korrigierten Zahlen der Tabelle ersehen, zu höheren Werten führt. Soll nun bestimmt werden, wieviel Kohlensäure die Puppen in diesen Versuchen im Mittel zersetzen mußten, so haben wir den Durchschnitt aus den nach Kreusler korrigierten Werten der Tagesversuche zu ziehen. Es wurde bei der Atmung in 7 bis 8 Tagesstunden eine Kohlensäureproduktion von 0·8 ccm berechnet und ein Sauerstoffverbrauch von 0·7 ccm gefunden, und es ergibt danach die Assimilationstätigkeit in den Tagesversuchen vom 8. März bis zum 30. März im Durchschnitt eine Kohlensäureaufnahme von 1·19 ccm und eine Sauerstoffabgabe von 1·33 ccm.

Es wurde an Kohlensäure aufgenommen:		Es wurde an Sauerstoff abgegeben:	
8. III.	= 0·60 ccm	8. III.	= 0·84 ccm
9. „	= 2·18 „	9. „	= 0·85 „
13. „	= 0·33 „	10. „	= 0·60 „
14. „	= 1·08 „	11. „	= 1·40 „
15. „	= 1·22 „	13. „	= 1·12 „
18. „	= 1·38 „	15. „	= 1·71 „
19. „	= 1·55 „	16. „	= 0·76 „
20. „	= 1.20 „	18. „	= 1·67 „
22. „	= 1·34 „	19. „	= 1·10 „
23. „	= 1·16 „	20. „	= 0·86 „
24. „	= 1·31 „	22. „	= 1·95 „
25. „	= 1·74 „	23. „	= 0·94 „
26. „	= 1·24 „	24. „	= 2·26 „
27. „	= 1·81 „	25. „	= 1·52 „
28. „	= 0·35 „	26. „	= 1·64 „
30. „	= 0·55 „	27. „	= 2·17 „
		28. „	= 1·74 „
		30. „	= 0·88 „
	$\frac{19·04}{16}$ = 1·19 ccm = Tagesdurchschnitt.		$\frac{24·01}{18}$ = 1·33 ccm = Tagesdurchschnitt.

Wenn die Menge des abgegebenen Sauerstoffs als Maß für die bei dem Assimilationsprozeß zersetzte Kohlensäuremenge betrachtet wird, so können wir sagen, die Assimilationsenergie von 10 grm Puppen genügte, um während 7 Tagesstunden ein Kohlensäurevolumen von 1·3 ccm zu spalten. 1000 grm = 1 kg Puppen würden danach in der Lage sein, unter gleich günstigen Bedingungen 130 ccm CO_2 zu assimilieren. Es ist dies selbstverständlich nur eine ganz approximative Bestimmung; um die genaueren Werte festzustellen, darf keine durchschnittlich gleiche Atmungstätigkeit angenommen werden, es müßte vielmehr für jeden Tag die Höhe des neben der Assimilationstätigkeit verlaufenden Atmungsprozesses bestimmt werden.

Was nun die Stickstoffabsorption betrifft, so ersehen wir aus den Analysen, daß sowohl bei Tag, als bei Nacht Stickstoff in verhältnismäßig großen Mengen konsumiert wird; bei Nacht ist der Stickstoffverbrauch absolut ein größerer gewesen als bei Tag; die Werte verhalten sich wie 59·77:44·18 ccm. Auf 20 grm und 12 Stunden Versuchsdauer berechnet stellt sich dagegen die tägliche N-Aufnahme doppelt so hoch wie die nächtliche. Diese erhebliche Stickstoffkonsumption bewirkt, daß die Summe der aufgenommenen Gase in dem in Betracht gezogenen Zeitraum um 113·86 ccm größer ist, als die der abgegebenen. Aufgenommen wurde an Stickstoff 117·04 ccm, Sauerstoff 17·41 ccm, Kohlensäure 13·83 ccm. Abgegeben an Kohlensäure 17·39 ccm, an Sauerstoff 17·03 ccm. Die Gesamtaufnahme beläuft sich demnach auf 148·28 ccm, die Gesamtabgabe auf 34·42 ccm. Eine Mehraufnahme ist hier nur an Stickstoff 117·04 ccm und an Sauerstoff 0·38 ccm zu verzeichnen.

Wir sahen, daß die Schmetterlingspuppen, ebenso wie die Pflanzen, um assimilieren zu können, um die Kohlensäure zu spalten, des Lichtes bedürfen. Es schien mir nun von Interesse festzustellen, ob dieser Assimilationsvorgang in allen Teilen des Spektrums in gleicher Stärke vor sich gehe, oder ob, wie bei der Pflanze, gewisse Lichtstrahlen diesen Spaltungsprozeß mehr unterstützen, als andere. Ich verbrachte die Puppen, um dies festzustellen, an zwei verschiedenen Tagen unter eine doppelwandige Gasglocke, deren Außenraum mit Kalibichromatlösung gefüllt war, die somit nur die roten, orange und gelben Strahlen hindurchdringen ließ. Zwei andere Versuche machte ich mit denselben Puppen an zwei anderen Tagen unter einer doppelwandigen Glocke, deren Außenraum Kupferoxydammoniaklösung enthielt und nur die photochemischen Strahlen violett und blau passieren ließ. Beide Glasglocken hatte mir Herr Geheimrat Professor Dr. Straßburger in liebenswürdiger Weise zu diesem Zweck zur Verfügung gestellt.

Das Resultat der Versuche war so charakteristisch, wie man es nur von einer Pflanze hätte erwarten können. Unter rotgelber Beleuchtung entsprach das Ergebnis dem Verhalten der Puppen bei Tag, d. h., es war nur Kohlensäure aufgenommen und Sauerstoff abgegeben worden, unter blau-violetter Beleuchtung verhielten sich die Puppen wie bei Nacht, die respiratorische Tätigkeit überwog hier die Assimilation. In einem der Versuche war eine sehr kleine Sauerstoffabgabe zu bemerken, mit gleichzeitiger beträchtlicher Kohlensäureabscheidung, im anderen fand eine Sauerstoffzunahme von 1·50 ccm und eine Kohlensäureaufnahme vou 0·98 ccm statt.

Es ist nun bei den Tages- und Nachtversuchen ebenso auffallend, wie bei den Experimenten unter monochromatischer Beleuchtung, daß häufig Kohlensäureabsorption ohne Sauerstoffabscheidung und andererseits sehr oft

Sauerstoffabgabe ohne Kohlensäureaufnahme stattfindet. Ich schließe hieraus, daß entweder die absorbierte Kohlensäure nicht sofort weiter gespalten wird, oder aber, daß der Organismus den in den assimilierenden Geweben frei werdenden Sauerstoff nicht jedesmal gleich nach der Abspaltung entweichen läßt, ebensowenig wie bei der Atmung unmittelbar nach der Sauerstoffaufnahme eine Kohlensäureabgabe erfolgt. Die Puppen, mit denen diese Versuche ausgeführt worden sind, befanden sich seit Ende Dezember in Kohlensäureatmosphäre. Sie hatten sehr bald schon nach Beginn des Versuchs eine, von den zur Kontrolle in atmosphärischer Luft gehaltenen Exemplaren, verschiedene Färbung angenommen, indem sich in ihrer Epidermis ein karminrot gefärbtes Pigment ausgebildet hatte. Ihre Bewegungsfähigkeit hatten die Puppen bis zum März beibehalten, allmählich reagierten sie indessen nicht mehr auf Reize, wie es übrigens alle Puppen tun in dem Stadium, in dem der größere Teil ihrer Muskulatur der Histolyse zum Opfer gefallen ist. Der Puppenkörper zeigte jetzt starke Turgeszenz und starre Beschaffenheit, ohne daß es indessen den Anschein hatte, als ob die Puppen eingegangen wären. Bei einzelnen Puppen waren die Hinterleibsegmente teleskopartig auseinandergezogen und der Körper so prall, daß bei unvorsichtiger Behandlung leicht ein Platzen der Puppenhülle an den Nähten, die sich später öffnen, um den Falter zu entlassen, stattfand. Die Blutzellen, die an solchen Stellen austraten, zeigten noch amöboide Beweglichkeit, so daß daraus geschlossen werden konnte, daß die Puppengewebe wirklich nicht abgestorben waren. Auch die Farbe der Puppenhülle des durchschimmernden Fettkörpers und des Blutes sprach für eine durchaus gesunde Beschaffenheit der Tiere. Dennoch schien es mir ratsam, meine Schlußfolgerung nicht allein auf die Ergebnisse aus den Experimenten mit diesen abnorm aufgewachsenen Puppen zu stützen, denn leicht konnte ihre physiologische Leistungsfähigkeit unter der Kohlensäurebehandlung gelitten haben. Ich ließ mir aus diesem Grund eine neue Serie derselben Puppenart von meinem Lieferanten Herrn Voelschow in Schwerin kommen und erhielt sehr gesunde Exemplare, die bis dahin in Kellertemperatur gehalten worden waren und in der Zimmerwärme außerordentlich lebhaft wurden. Mit diesen Puppen führte ich dann eine, zur ersten parallele Versuchsreihe aus, deren Ergebnisse aus den folgenden Tabellen zu entnehmen sind.

II. Atmungsversuche mit Puppen von Papilio podalirius. Serie III.

Es seien hier nur je zwei der charakteristischsten Beispiele gegeben:

1. Tagesversuche:

Versuch 74. 22. III. Frische Puppen von P. podalirius III. Gew. = 13·84^{grm}. 7·5 Stunden. 15·5^{0} bis 16^{0} C. 754^{mm} Hg. 13·1 bis 13·53^{mm} Dampfsp. Vol.′ = 146.6, Vol.″ = 144·0.

	Analyse':		Analyse'':		Differenz:		Für 20 grm in 12 Std.
N	=61·2	82·76	60·4	80·20	−0·8	−2·56	−5·91
O	=11·8	15·95	12·8	17·00	+1·0	+1·05	+2·42
CO_2	=27·0	36·51	26·8	35·59	−0·2	−0·92	−2·12
	100·0	135·22	100·0	132·79		−2·43 = Vol.-Abnahme.	

Versuch 75. 23. III. Gew. = 13·92 grm. 4·75 Stunden. 15 bis 16° C. 752 mm Hg. 12·69 bis 13·50 mm Dampfsp. Vol.' = 146·6 Vol.'' 146.

	Analyse':		Analyse'':		Differenz:		Für 20 grm in 12 Std.
N	= 72·6	96·82	71·40	95·47	−1·20	−1·35	−5·32
O	= 14·4	19·47	15·60	20·91	+1·20	+1·44	+5·68
CO_2	= 13·0	17·57	13·00	17·42	±0·0	−0·15	−0·59
	100·0	133·86	100·0	133·80		−0·06 = Vol.-Abnahme.	

In den übrigen Versuchen ergab sich: Versuch

(73)	N =	**−2·89**	− 6·01	(76)	**−2·46**	−23·05	(77) **−0·59**	− 5·52
	O =	**+0·38**	+ 0·81		**+0·06**	+ 0.36	**+1·00**	+ 9·36
	CO_2 =	**−5·82**	−12.12		**−0·11**	− 6·76	**−0·06**	− 0·56
(78)	N =	**−1·79**	− 4·19	(79)	**−3·12**	− 7·21	(80) **−4·8**	−16·55
	O =	**−0·48**	− 1·00		**+0·14**	+ 1·01	**+8·18**	+10·97
	CO_2 =	**−1·01**	− 2·36		**+2·41**	+ 5·57	**+1·26**	+ 4·34
(81)	N =	**−1·6**	+ 3·93	(82)	**−0·40**	− 1·37	(83) **−2·00**	− 6·89
	O =	**+0·34**	+ 0·83		**+1·03**	+ 3·55	**−1·70**	− 5·86
	CO_2 =	**+0·30**	+ 0·73		**−2·27**	− 7·82	**+1·68**	+ 3·65
							Im Mittel f. 20 grm in 12 Std.	
(84)	N =	**+0·4**	+ 0·99	(85)	**−0·77**	− 1·77	N = −6·06	
	O =	**−4·54**	−10·23		**−2·77**	− 6·36	O = +0·88	
	CO_2 =	**+0·86**	+ 1·97		**+2·49**	+ 5·72	CO_2 = −0·80	

2. Nachtversuche:

Versuch 87. 23. bis 24. III. 13·92 grm. 13·5 Stunden. 16° C. 752 mm Hg. 13·5 mm Dampfsp. Vol.' 146·6. Vol.'' 143·6.

	Analyse':		Analyse'':		Differenz:		Für 20 grm in 12 Std.
N	= 73·40	98.77	72·0	94·90	−1·4	−3·87	−4·94
O	= 13·80	18·57	13·0	17·14	−0·8	−1·43	−1·82
CO_2	= 12·80	17·22	15·0	19·77	+2·2	+2.55	+3·25
	100·00	134·56	100·0	131·81		−2·75 = Vol.-Abnahme.	

Versuch 92. 1. bis 2. IV. 13·98 grm. 14 Stunden. 14° C. 763 mm Hg. 11.9 mm Dampfsp. Vol.' 354·4. Vol.'' 352·4.

	Analyse':		Analyse'':		Differenz:		Für 20 grm in 12 Std.
N	= 72	239·90	71·4	236·64	−0·6	−3·26	− 4·51
O	= 15	49·97	13.0	43·06	−2·0	−6·91	− 8·52
CO_2	= 13	43·31	15·6	15·67	+2·6	+8·36	+10·18
	100	333·18	100·0	331·37		−1·81 = Vol.-Abnahme.	

In den anderen Versuchen ergab sich:

	(86)		(88)		(89)	
N =	−2·75	−3·05	−0·63	−0·74	−2·88	−3·47
O =	−1·28	−1·36	−0·91	−1·08	−0·91	−1·11
CO_2 =	+0·87	+0·96	+0·80	+0·95	+1·25	+1·53

	(90)		(91)		(93)	
N =	−6·43	−7·85	−4·20	−4·50	−6·10	−7·48
O =	−4·46	−5·44	−5·49	−5·89	+2·70	+3·31
CO_2 =	+5·81	+4·88	+2·18	+2·18	−1·24	−1·52

Im Mittel für 20grm in 12 Std.

N = +4·56
O = +2·74
CO_2 = +3·05

Zusammenstellung der Analysenergebnisse.

Tagesexperimente.

1. Kohlensäure-aufnahme:	2. Sauerstoff-abgabe:	3. Sauerstoff-aufnahme:	4. Kohlensäure-abgabe:	5. Stickstoff-aufnahme:	6. Stickstoff-abgabe:
5·82	0·38	0·43	2·41	2·89	1·6
0·92	1·05	1·70	1·26	2·56	0·4
0·15	1·44	4·45	0·30	1·35	Sa. 2·0
0·11	1·00	2·77	1·68	2·46	
0·06	0·14	Sa. 9·41	0·86	0·59	
1·01	3·18		2·49	1·79	
2·27	0·34		Sa. 9·00	3·12	
Sa. 10·34	1·03			4·80	
	Sa. 8·56			0·49	
				2·00	
				0·77	
				Sa. 22·82	

Nachtexperimente.

1.	2.	3.	4.	5.	6.
1·24	2·70	1.23	0·87	2·75	0·0
10·34	8·56	1·43	2·55	3·87	2·0
Ges.-Sa. 11·58	11·26	0·91	0·80	0·63	Ges.-Sa. 2·0
		0·91	1·25	2·83	
		4·46	5·31	6·43	
		5·49	2·18	4·20	
		6·91	8·36	3·26	
				6·10	
		21·34	21·32	30·05	
		9·41	9·00	22·82	
		Ges.-Sa. 30·75	30·32	52·87	

Assimilatorischer Quotient:

$$\frac{CO_2}{O_2} = \frac{11·58}{11·26} = 1.028$$

Respiratorischer Quotient:

$$\frac{CO_2}{O_2} = \frac{30·32}{30·75} = 0·986$$

Berechnung der durchschnittlichen Atmungstätigkeit aus den Nachtversuchen, in denen nur geatmet wurde.

CO_2-Abgabe:		O-Aufnahme:
0·87	22.—23. III.	1·23
2·55	23.—24. „	1·43
0·80	25.—26. „	0·91
1·25	26.—27. „	0·91
5·31	27.—28. „	4·46
2·18	30.—31. „	5·49
8·36	1.— 2. IV.	6·91
7 : 21·32 = 3·05		7 : 21·34 = 3·05

Gesamtaufnahme von Gasen:		Gesamtabgabe von Gasen:	
N	= 52·87	N	= 2·0
O	= 30·75	O	= 11·26
CO_2	= 11·58	CO_2	= 30·32
	95·20 ccm		43·58 ccm

Durchschnittliche CO_2-Abgabe und O-Aufnahme in 14—16 Std. = 3·05 ccm
„ „ „ „ „ 7—8 „ = 1·50 „
Es hat eine Mehraufnahme von Gas von 52·62 ccm stattgefunden. Davon entfallen auf N = 50·87 ccm
„ O = 19·49 „
Die Mehrabgabe von Kohlensäure war . . . . . „ CO_2 = 19·74 „

Größe der Assimilationswerte nach Berücksichtigung der Atmung.

Aufgenommene Kohlensäure:	Zersetzte Kohlensäure = abgegebener Sauerstoff:
7·32 ccm	1·08 ccm
1·42 „	2·55 „
1·65 „	2·94 „
0·61 „	0·56 „
0·51 „	1·40 „
2·51 „	1·07 „
0·34 „	1·64 „
1·20 „	4·68 „
3·27 „	1·84 „
9 : 18·83 = 2·09 ccm	2·03 „
	10 : 19·79 = 1·97 ccm

14 grm Puppen vermögen täglich annähernd 2 ccm CO_2 zu zersetzen.
1000 grm „ „ „ „ 142·8 „ „ „ „

Auch diese dritte Versuchsreihe, die mit vollkommen frischen, lebenskräftigen Puppen, die sich bis dahin unter normalen Verhältnissen befunden hatten, angestellt worden ist, ergab, daß bei Tag in der Mehrzahl der

Fälle die assimilatorischen Vorgänge über die respiratorischen Prozesse überwiegen. Dasselbe Resultat ergibt sich, wenn wir das Mittel aus dem täglichen und nächtlichen Gasaustausch ziehen und für 20 grm Puppen und 12 Stunden Versuchsdauer berechnen (vgl. S. 67 bis 69). Bei Tag betrug die Kohlensäureabsorption in 13 Versuchen 10·34 ccm; bei Nacht entfällt auf 8 Versuche eine Aufnahme von 1·24 ccm CO_2 der Kontrast zwischen Tag und Nacht tritt somit bei dieser Versuchsreihe noch viel deutlicher hervor, wie bei der Serie II. Die Sauerstoffproduktion betrug in 13 Versuchen 8·56 ccm bei Tag, während der 8 Nachtexperimente wurden nur 2·70 ccm Sauerstoff abgeschieden. Durch Atmung verbraucht wurden bei Tag 9·41 ccm, bei Nacht 21·34 ccm Sauerstoff, die Kohlensäureabgabe verhielt sich während der Tages- und Nachtversuche wie 9:30. Wenn wir diese Ergebnisse mit denen der Serie II vergleichen, so sehen wir, daß bei den frischen Puppen sowohl die assimilatorische, wie auch die respiratorische Tätigkeit reger ist, und wenn wir auch hier die neben der assimilatorischen Tätigkeit einhergehende respiratorische Leistung berücksichtigen, so ergeben sich für die Höhe des assimilatorischen Gaswechsels noch viel bedeutendere Werte wie bei Serie II (vgl. S. 62). Nehmen wir den Durchschnitt der Assimilationswerte in den Tagesversuchen, so sehen wir, daß von den frischen Puppen 2 ccm CO_2 täglich absorbiert und 1.0 ccm zersetzt wurden, entsprechend einer ebenso großen Sauerstoffabgabe. Der Stickstoffverbrauch war dagegen im ganzen nicht einmal halb so groß, wie bei der vorhergehenden Versuchsreihe. Für 20 grm Substanz und 12 Stunden Versuchsdauer berechnet, ergibt sich auch hier bei Tag eine größere Stickstoffaufnahme als bei Nacht.

Als wir bei Papilio podalirius Serie II das bei der Assimilation aufgenommene Kohlensäurevolumen mit der abgegebenen Sauerstoffmenge verglichen, so fand es sich, daß der abgeschiedene Sauerstoff die Kohlensäure an Volumen überwog; es war mehr Sauerstoff abgegeben worden, als in der absorbierten Kohlensäure enthalten war; der assimilatorische Quotient war kleiner als 1. Hier bei den frischen Puppen finden wir das umgekehrte Verhältnis, die aufgenommene Kohlensäuremenge übertrifft die des abgeschiedenen Sauerstoffs, wir erhalten als assimilatorischen Quotient die Zahl: 1·028.

Auch bei der Atmung war hier die Sauerstoffaufnahme verhältnismäßig größer, als die Kohlensäureabgabe, so daß der respiratorische Quotient hier kleiner ist, als in der vorhergehenden Versuchsreihe: 0·986:0·998.

Die Mehraufnahme von Gas, die bei der Serie II 113·86 ccm betrug, ist bei den frischen Puppen geringer, sie beläuft sich auf 52·62 ccm, da weniger Stickstoff absorbiert wurde und die Mehrabgabe an Kohlensäure eine sehr bedeutende ist; bei Serie II überwog die Kohlensäureabgabe die Aufnahme um nur 3·56 ^{ccm}, hier in Serie III um 19·74 ^{ccm}. Dem gegenüber steht ein Gewinn an Sauerstoff bei Serie II von 0·38 ^{ccm}, bei Serie III von 19·49 ^{ccm}. Wir müssen hieraus schließen, daß hier bei den, bisher unter normalen Verhältnissen aufgewachsenen Puppen die oxydativen Vorgänge im Organismus viel intensiver sind, als bei den älteren Tieren, die schon seit dem Monat Dezember der Kohlensäureatmosphäre ausgesetzt waren. Ausschlaggebend für den Verbrauch von Sauerstoff und für die Produktion von Kohlensäure ist bei den frischen Puppen ohne Zweifel auch ihre größere Bewegungsfähigkeit, die auch am Schluß der Experimente noch vorhanden war.

Um nun einen Maßstab zu haben für die, hier bei den beiden Serien von Schmetterlingspuppen mitgeteilten Ergebnisse ihrer assimilatorischen und respiratorischen Tätigkeit, sollen im folgenden die Befunde aufgeführt werden, die ich bei gleichzeitig ausgeführten Respirationsversuchen mit jungen Brennesselpflanzen erzielt habe.

Kontrollversuche mit jungen Brennesselpflanzen.

1. Tagesversuche:

Versuch 94. 25. III. 2·15 ^{grm} Brennesselpflanze. 6$^3/_4$ Stunden. 17^0 C. 753 ^{mm} Hg. 14·4 ^{mm} Dampfsp. Vol.′ 367·56. Vol.″ 357·4.

	Analyse′:		Analyse″:		Differenz:		Für 20 ^{grm} in 12 Std.
N =	67·6	227·10	66·0	215·60	− 1·6	− 11·50	− 190·20
O =	14·2	47·70	15·8	51·62	+ 1·6	+ 3·92	+ 64·83
CO_2 =	18·2	61·13	18·2	59·46	+ 0·0	− 1·67	− 17·62
	100·0	335·93	100·0	326·68		− 9·25	= Vol.-Abnahme.

Versuch 100. 29. III. 2·15 ^{grm}. 7 Stunden. 17^0 C. 758 ^{mm} Hg. 14·42 ^{mm} Dampfsp. Vol.′ 162·6 Vol.″ 158·6.

	Analyse′:		Analyse″:		Differenz:		Für 20 ^{grm} in 12 Std.
N =	71·4	107·20	71·2	104	− 0·2	− 3·20	− 51·03
O =	15·0	22·52	17·8	26·01	+ 2·8	+ 3·49	+ 55·66
CO_2 =	13·6	20·41	11·0	16·07	− 2·6	− 4·34	− 69·21
	100·0	150·13	100·0	146·08		− 4·05	= Vol.-Abnahme.

Aus den übrigen Versuchen ergab sich:

		(95)		(96)		(97)	
N	=	− 8·90	− 496·80	− 11·80	− 158·40	− 8·50	− 52·09
O	=	− 1·77	− 65·31	+ 0·69	+ 9·62	+ 4·83	+ 71·89
CO_2	=	+ 8·52	+ 29·00	− 3·33	− 46·47	+ 0·12	+ 1·78

		(98)		(99)	(101)	
N	=	− 3·80	− 71·40	− 305.30	− 4·70	− 104·90
O	=	+ 1·30	+ 25·23	+ 4·80	+ 1·54	+ 34·38
CO_2	=	− 0·34	− 7·59	− 85·39	− 3·40	− 75·90

	(102)		Mittel für 20 ^{grm} in 12 Stunden:
N =	− 2·90	− 44·85	N = − 163·86
O =	+ 0·33	+ 5·08	O = + 22·90
CO_2 =	− 2·64	− 40·37	CO_2 = − 34·64

2. Nachtversuche:

Versuch 105. 27. bis 28. III. 2·15 grm. 14·5 Stunden. 16° C. 745 mm Hg. 13·5 mm Dampfsp. Vol.′ 367·5, Vol.″ 331·4.

	Analyse′:		Analyse″:		Differenz:		Für 20 grm in 12 Std.
N =	73·8	246·80	68·6	208·10	—5·2	—38·70	—298·00
O =	15·4	51·46	14·4	43·69	—1·0	— 7·77	— 59·82
CO_2 =	10·8	36·09	17·2	52·18	+6·4	+16·09	+123·80
	100·0	334·35	100·2	303.97		—30·38 = Vol.-Abnahme.	

Versuch 107. 29. bis 30. III. 2·15 grm. 16 Stunden. 17° bis 16·5° C. 758 mm Hg. 14·42 bis 13·97 mm Dampfsp. Vol.′ 162·6, Vol.″ 155.

	Analyse′:		Analyse″:		Differenz:		Für 20 grm in 12 Std.
N =	71·0	106·30	69·6	99·58	—1·4	—6·72	—46·89
O =	14·8	22·17	13·8	19·74	—1·0	—2·43	—16·96
CO_2 =	14·2	21·77	16·6	23·75	+2·4	+1·98	+13·82
	100·0	150·24	100·0	143·07		—7·17 = Vol.-Abnahme.	

Aus den übrigen Versuchen ergab sich:

(103)	N =	—13·40	—103·20	(104)	—10·50	—363·30
	O =	+ 4·40	+ 34·34		+ 2·89	+ 9·99
	CO_2 =	+ 1·92	— 14·78		— 0·81	— 1·11
(106)	N =	— 7·89	— 16·64	(108)	— 6·00	— 41·86
	O =	— 1·48	— 11·02		+ 0·83	+ 5·79
	CO_2 =	+ 0·34	+ 2·52		— 0·66	— 4·60
(109)	N =	— 6·40	— 51·03	(110)	— 9·18	— 63·97
	O =	— 6·67	— 53·18		— 0·38	— 3·06
	CO_2 =	+ 5·39	+ 42·98		— 1·57	— 10·94

Mittel für 20 grm in 12 Stunden berechnet:

N = —123·18
O = — 11·74
CO_2 = + 21·40

Zusammenstellung der Analysenergebnisse.

Tagesexperimente.

1. Kohlensäure-aufnahme:	2. Sauerstoff-abgabe:	3. Sauerstoff-aufnahme:	4. Kohlensäure-abgabe:	5. Stickstoff-aufnahme:
1·67	3.92	1·17	8·52	11·50
3·33	0·69	Sa. 1·17	0·12	8·90
0·34	4·83		Sa. 8·64	11·80
5·34	1·30			3·50
1·53	0·86			3·80
4·34	3·49			5·47
3·40	1·54			3·20
2·64	0·33			4·70
Sa. 22·59	16·96			2·90
				Sa. 55·77

Nachtexperimente.

1. Kohlensäure-aufnahme:	2. Sauerstoff-abgabe:	3. Sauerstoff-aufnahme:	4. Kohlensäure-abgabe:	5. Stickstoff-aufnahme:
0·31	4·40	·77	1·92	13·40
0·66	2·89	1·48	16·09	10·50
1·57	7·29	2·43	0·38	38·70
2·54	16·96	0·83	1·98	7·89
22·59	Ges.-Sa. 24·25	6·67	5·39	6·72
Ges.-Sa. 25·13		0·38	25·76	6·00
		19·56	8·64	6·40
		1·17	Ges.-Sa. 34·40	9·18
		Ges.-Sa. 20·73		98·59
				55·13
				Ges.-Sa. 153·72

Assimilatorischer Quotient:

$$\frac{CO_2}{O_2} = \frac{25·13}{24·25} = 1·036$$

Respiratorischer Quotient:

$$\frac{CO_2}{O_2} = \frac{34·40}{20·73} = 1·659$$

Gesamtaufnahme von Gasen:

N	= 153·72 ccm
O	= 20·73 „
CO_2	= 25·13 „
	199·58 ccm

Gesamtabgabe von Gasen:

N	= 0 ccm
O	= 24·25 „
CO_2	= 34·40 „
	58·65 ccm

Berechnung der durchschnittlichen Atmungstätigkeit aus den Nachtversuchen, in denen ausgeatmet wurde.

CO_2-Abgabe:		O-Aufnahme:
16·09	27.—28. III.	7·77
0·34	28.—29. „	1·48
1·98	29.—30. „	2·43
5·39	1.— 2. IV.	6·67
4 : 23·80 = 5·95		4 : 18·35 = 4·58.

Durchschnittliche CO_2-Abgabe = 5·95 ccm in 14 bis 16 Stunden,
„ O-Aufnahme = 4·58 „ „ 14 „ 16 „
„ CO_2-Abgabe = 2·97 „ „ 7 „ 8 „
„ O-Aufnahme = 2·29 „ „ 7 „ 8 „

Es hat eine Mehraufnahme von Gasen stattgefunden, die 140·93 ccm beträgt und allein auf die Stickstoffbereicherung zurückzuführen ist. An Sauerstoff wurde mehr ausgegeben als aufgenommen O = 3·52 ccm, an Kohlensäure CO_2 = 8·27 ccm.

Größe der Assmilationswerte nach Berücksichtigung der Atmung.

Die Absorptionswerte der Kohlensäure wurden um den Betrag der durchschnittlich bei der Atmung abgegebenen Gasmenge (für 7 bis 8 Stunden = 2·8 ccm) erhöht.

Die Exhalationswerte des Sauerstoffs wurden um den Betrag des durchschnittlich bei der Atmung aufgenommenen Gases (für 7 bis 8 Stunden = 2·2 ccm) erhöht.

2 grm Brennesselpflanze vermögen täglich annähernd 4 ccm CO_2 zu zersetzen.

Zersetzte CO_2	Aufgenommene CO_2
O	CO_2
6·14	4·47
2·89	6·13
7·03	2·68
3·50	3·14
1·36	2·03
5·09	7·14
3·04	5·40
2·53	5·44
8 : 32·18 = 4·0 ccm	8 : 36·43 = 4·5 ccm

Die für den Versuch verwendete Pflanze hatte im ganzen zwölf Blätter, die zusammen eine Oberfläche von ungefähr 42·119 qcm bildeten. Das Gewicht der Pflanze betrug am Anfang des Versuchs 2·15 grm, am Schluß der Experimente 2·46 grm. Die Pflanze hatte somit eine geringe Gewichtszunahme erfahren.

Die Zusammenstellung der Analysenergebnisse läßt sofort erkennen, daß ein prinzipieller Unterschied in den Gaswechselvorgängen bei Schmetterlingspuppe und Pflanze, wenigstens bei den hier verwendeten Objekten, nicht besteht. Auch die Pflanze nimmt bei Tag in der weit überwiegenden Mehrzahl der Fälle Kohlensäure auf unter gleichzeitiger Abscheidung von Sauerstoff. Es können aber auch hier Umstände eintreten, unter denen selbst bei guter Beleuchtung am Tag der respiratorische Gasaustausch überwiegt und den Assimilationsprozeß verdeckt.

Während der Nacht wird von der Pflanze, ebenso wie von der Schmetterlingspuppe vorwiegend Sauerstoff aufgenommen und Kohlensäure abgegeben; allein auch hier finden wir in einzelnen Nachtversuchen noch deutliche Spuren von assimilatorischer Tätigkeit, Kohlensäureaufnahme und Sauerstoffabgabe.

Quantitativ zeigte sich die Pflanze in ihrem assimilatorischen, wie respiratorischen Gasaustausch den Schmetterlingspuppen erheblich überlegen, besonders der Serie II des Segelfalters. Die Kohlensäureaufnahme betrug bei Tag: 27·59 ccm, bei Nacht 2·54 ccm. Die Sauerstoffabgabe 16·96 ccm und 7·29 ccm. Die Sauerstoffaufnahme in den Tagesexperimenten: 1·17 ccm, während der Nachtversuche 19.56 ccm. Die Kohlensäureabgabe endlich bei

Tag 8·64 ccm, bei Nacht 25·76 ccm. Die Stickstoffabsorption war, wie in Serie II der Puppenversuche und wie auch in Serie III mit Papilio podalirius, scheinbar bei Nacht ausgiebiger als während des Tages; die Gesamtabsorption war noch etwas höher, als bei den Segelfalterpuppen, Serie II. Auf 20 grm und 12 Stunden berechnet, zeigte sich indessen auch hier, daß bei Tag mehr N aufgenommen wird als bei Nacht, daß das Licht die Stickstoffaufnahme günstig beeinflußt. Auch bei der Brennessel erhalten wir weit höhere Assimilationswerte, wenn wir bei den Versuchen die Atmungstätigkeit berücksichtigen. Es wurden von 2 grm Pflanze durchschnittlich 4 ccm CO_2 zersetzt und von 1000 grm Pflanze würde sich die zersetzte Kohlensäure auf 2000 ccm berechnen, also auf mehr als das Zehnfache der Puppen. Das Verhältnis der Kohlensäureaufnahme zur Sauerstoffabgabe bei der assimilatorischen Tätigkeit der Brennessel, das als assimilatorischer Quotient bezeichnet wird, kommt demjenigen der Segelfalterpuppen, der Serie III sehr nahe. Während wir für die Nessel den Wert 1·036 finden, hatte sich bei den Segelfalterpuppen die Zahl 1·028 ergeben. Der respiratorische Quotient ist bei der Brennessel dagegen bedeutend größer: 1·659, die Kohlenstoffabgabe übersteigt somit hier die Sauerstoffaufnahme um ein beträchtliches. Es ist eigentümlich, daß hier bei der Pflanze sowohl die Sauerstoffabgabe die Sauerstoffaufnahme übersteigt, als daß auch die Ausgabe an Kohlensäure größer ist, als die Einnahme. Eine Mehraufnahme an Gas läßt sich hier allein für den Stickstoff feststellen, sie beträgt 153.72 ccm. Die Mehrausgabe an Kohlensäure ist = 8·27 ccm und an Sauerstoff = 3·52 ccm. Es geht aus dem Vorstehenden ohne Zweifel hervor, daß, trotz der Intensitätsunterschiede im Gaswechsel von Puppe und Pflanze, eine vollkommene Analogie ausgebildet ist, die sich in dem Vorwalten assimilatorischer Vorgänge bei Tag und dem Überwiegen respiratorischer Prozesse bei Nacht zu erkennen gibt.

Weitere Versuche.

I. Atmungsversuche mit Puppen des Wolfsmilchschwärmers.

Die Atmungsversuche, die während der Wintermonate zur Ausführung kamen, haben bereits gezeigt, daß auch die Puppen des Wolfsmilchschwärmers Kohlensäure aus der Luft aufzunehmen vermögen und unter günstigen Bedingungen Sauerstoff abgeben. Ich hatte mich aber in diesen ersten Versuchen immer einer größeren Anzahl von Puppen bedient, einer Anzahl, die für den zur Verfügung stehenden Luftraum im Puppenbehälter vielleicht zu groß bemessen war. Um etwaige dadurch entstandene Fehler kennen zu lernen, wiederholte ich die Experimente, indem ich jetzt nur eine oder höchstens zwei Puppen zu den Versuchen verwendete.

Die Puppen, die zu diesen neuen Experimenten benützt wurden, hatten noch grün gefärbte Flügelscheiden, d. h. der Fettkörper hatte sich noch nicht in den Flügellamellen abgelagert, so daß das grüngefärbte Blut der Puppe durch die Flügelscheiden hindurchschimmerte. Ich suchte mir stets diejenigen Puppen zu den Versuchen aus, die bei Berührung durch lebhafte Bewegung verrieten, daß sie gesund waren. Leider war es mir nur möglich, die Ergebnisse eines Teils der Experimente zu berechnen, da mir bei den späteren Versuchen einzelne Gewichtsangaben fehlten; ich verzichte daher darauf, die betreffenden Analysen hier wiederzugeben und beschränke mich auf die Mitteilung der berechneten Versuche.

a) Tagesversuche:

Versuch 111. 28. III. Puppen von Sphinx euphorbiae 2.96 grm. 5 Stunden. 16° bis 17° C. 750 bis 755 mm Hg. 13.5 bis 14.4 mm Dampfsp. Vol.′ 160.3, Vol.″ 159.8.

	Analyse′:		Analyse″:		Differenz:		Für 20 grm in 12 Std.
N	= 73	107·1	70·4	103·20	— 2·6	— 3·9	— 63·20
O	= 15	22·0	17·6	25·80	+ 2·6	+ 3·8	+ 61·62
CO_2	= 12	17·6	12·0	17·59	± 0·0	— 0·01	— 0·16
	100	146·7	100·0	146·59		— 0·11	= Vol.-Abnahme.

Versuch 114. 30. III. 2.96 grm. 5 Stunden. 16.5° bis 17° C. 758 mm Hg. 13.97 bis 14.42 mm Dampfsp. Vol.′ 160.3, Vol.″ 157.2.

	Analyse′:		Analyse″:		Differenz:		Für 20 grm in 12 Std.
N	= 69·8	102·60	69·6	100·80	— 0·2	— 1·80	— 46·42
O	= 15·0	22·05	15·2	22·01	+ 0·2	— 0·04	— 11·03
CO_2	= 15·2	22·35	14·8	21·43	— 0·4	— 0·92	— 23·73
	100·0	147·00	99·6	144·24	— 0·4	— 2·76	= Vol.-Abnahme.

Die beiden anderen Versuche ergaben:

(112)	N	= + 1·80	+ 72·97	(113)	— 0·40	— 2·96
	O	= + 2·60	+ 105·40		+ 0·50	+ 6·60
	CO_2	= — 0·96	— 38·92		— 0·53	— 7·62

Im Mittel für 20 grm in 12 Stunden:

N = — 9·90 ohne Versuch 112 N = 28·14
O = + 43·14
CO_2 = — 17·60

b) Nachtversuche:

Versuch 118. 30. bis 31. III. 5.97 grm. 16 Stunden. 16.5° bis 15° C. 760 mm Hg. 13.9 bis 12.69 mm Dampfsp. Vol.′ 159.6, Vol.″ 152.6.

	Analyse′:		Analyse″:		Differenz:		Für 20 grm in 12 Std.
N	= 71·2	105·20	71·6	101·80	+ 0·4	— 3·40	— 8·76
O	= 15·4	22·71	14·6	20·77	— 0·8	— 1·94	— 5·00
CO_2	= 13·4	19·76	13·8	19·63	+ 0·4	— 0·13	— 0·33
	100·0	147·67	100·0	142·30		— 5·47	= Vol.-Abnahme.

Die drei weiteren Versuche ergaben:

	Gemischte Nachtversuche:				Reiner Nachtversuch:	
(115)			(116)		(117)	
N	= —3·39	—18·33	—2·60	—6·70	—5·30	—13·67
O	= +1·07	+ 5·78	+0·24	+0·93	—2·37	— 6·11
CO_2	= +1.32	+ 7.13	+2.00	+5.15	—0.70	— 1.80

	Im Mittel für 20 grm in 12 Std.
α. Reine Nachtversuche:	N = —11.21
	O = — 5.55
	CO_2 = — 1.61
β. Gemischte Nachtversuche:	N = —12.51
	O = + 3.35
	CO_2 = + 3.23

Zusammenstellung der Analysenergebnisse.

Tagesversuche.

1. Kohlensäure-aufnahme:	2. Sauerstoff-abgabe:	3. Sauerstoff-aufnahme:	4. Kohlensäure-abgabe:	5. Stickstoff-aufnahme:	6. Stickstoff-abgabe:
0·01	3·80	0·04		3·90	1·80
0·96	2·60	Sa. 0·04		0·40	Sa. 1·80
0·53	0·50			1·80	
0·92	Sa. 6·90			Sa. 6·10	
Sa. 2·42					

Nachtversuche.

1.	2.	3.	4.	5.	6.
0.70	1·07	2·37	1.32	3·39	0·0
0·13	0·24	1·94	2·00	2·60	1·80
0·83	1·31	4·31	Ges.-Sa. 3·32	5·30	Ges.-Sa. 1·80
2·42	6·90	0·04		3·40	
Ges.-Sa. 3·25	8·21	4·35		14·69	
				6·10	
				Ges.-Sa. 20·79	

Assimilatorischer Quotient:

$$\frac{CO_2}{O_2} = \frac{3\cdot25}{8\cdot21} = 0\cdot3959$$

Respiratorischer Quotient:

$$\frac{CO_2}{O_2} = \frac{3\cdot32}{4\cdot35} = 0\cdot763$$

Gesamtaufnahme von Gasen:

N	=	20·79 ccm
O	=	4·35 „
CO_2	=	3·25 „
		28·39 ccm

Gesamtabgabe von Gasen:

N	=	1·50 ccm
O	=	8·21 „
CO_2	=	3·32 „
		13·33 ccm

Es fand eine Mehraufnahme von Gasen statt von 15·06 ccm. An diesem Gewinn ist aber nur der Stickstoff beteiligt mit 19·29 ccm. Mehrausgabe an Sauerstoff war 3·86 ccm, an Kohlensäure 0·07 ccm.

Wir ersehen aus den angeführten Resultaten, daß sich auch der Wolfsmilchschwärmer während seiner Puppenruhe, in bezug auf den Verbrauch, die Aufnahme und Abgabe von Gasen, von den Puppen des Segelfalters nicht wesentlich unterscheidet. In den vier berechneten Tagesexperimenten beobachteten wir viermal Kohlensäureabsorption, dreimal Abgabe von Sauerstoff. In den vier Nachtexperimenten wurde zweimal Kohlensäure aufgenommen und zweimal solche ausgeatmet. Merkwürdigerweise fand Kohlensäureabgabe in den beiden Versuchen Nr. 115 und Nr. 116 statt, in denen die Puppen von Sonnenaufgang an belichtet, also nicht ganz im Dunkeln gehalten wurden. Es ist auf die Lichtwirkung zu beziehen, daß in diesen Versuchen mit der Kohlensäureabgabe auch eine solche von Sauerstoff verbunden war; in den ganz im Dunkeln ausgeführten beiden späteren Nachtversuchen wurde mit der Kohlensäure auch Sauerstoff absorbiert. Quantitativ übersteigt sowohl die nächtliche Kohlensäureproduktion die Kohlensäureabsorption und ebenso die Sauerstoffaufnahme die Abgabe; mit anderen Worten, durchschnittlich überwiegt auch bei dieser Puppengattung nachts der respiratorische, bei Tag der assimilatorische Prozeß. Einer sehr eigentümlichen Erscheinung begegnen wir bei Sphinx euphorbiae insofern, als von den Puppen dieses Schmetterlings bei Tag eine zur Kohlensäureaufnahme ganz unverhältnismäßig große Menge von Sauerstoff abgegeben wurde. Dieses Mißverhältnis findet seinen Ausdruck in einem sehr niederen assimilatorischen Quotienten: $\frac{CO_2}{O_2} = 0·3959$. Die Sauerstoffproduktion ist mehr als zweimal so groß, als die Kohlensäureabsorption. Wenn es auch für den Assimilationsvorgang bei der Pflanze als charakteristisch angegeben wird, daß die Sauerstoffabgabe die Kohlensäureaufnahme übersteigt und wenn wir auch bei den Versuchen mit der Brennessel diese Angaben bestätigt fanden, so übersteigt eine derartige Sauerstoffproduktion denn doch die Grenze des bisher Beobachteten so weit, daß wir uns fragen müssen, woher wohl die Puppe das Material zu diesem Spaltungsprozeß nehmen mag. Sind es früher angelegte Kohlensäurereserven, aus deren Spaltung der Überschuß an Sauerstoff genommen werden kann, sind es Reduktionsprozesse, die sich im Organismus vollziehen, bei denen Sauerstoff in Freiheit gesetzt wird? Es müßte dabei in erster Linie an die Umwandlung von Kohlenhydraten in Fett gedacht werden; oder findet hier, wie bei einzelnen Pflanzengattungen, wie bei den Succulenten, eine Beschaffung von Kohlensäure auf Kosten der von dem Organismus gebildeten, organischen

Säuren statt? Auch die Succulenten sind imstande, ohne daß sich Kohlensäure in der Atemluft befindet, Sauerstoff zu produzieren. Saussure entdeckte diese Erscheinung, indem er die Beobachtung machte, daß ein Opuntiazweig in einem mit kohlensäurefreier Luft gefüllten Rezipienten bei Tag das Mehrfache seines Volumens an Sauerstoff abschied. Es wird angenommen, daß bei solchen Pflanzen im Dunkeln vorherrschend Säureproduktion, im Licht überwiegend Säurezerlegung stattfindet und daß durch diesen Vorgang die der Assimilation dienende Kohlensäure gewonnen werde. Es wird ferner vermutet, daß der Apfelsäure eine Hauptrolle bei diesem Spaltungsprozeß zufalle. Es scheint mir sehr wahrscheinlich, daß bei Schmetterlingspuppen mit sehr niederem assimilatorischen Quotienten ganz ähnliche Verhältnisse vorliegen; es bedarf aber einer genaueren Kenntnis der sich während des Puppenlebens abspielenden physiologischen Prozesse und der im Puppenkörper gebildeten Substanzen, um die Ursache dieses Phänomens zu ergründen.

Die assimilatorischen und respiratorischen Prozesse bei Sphinx euphorbiae bleiben an Intensität nicht weit hinter denjenigen der Brennessel zurück; auf 20 g Puppensubstanz und 12 Stunden Versuchsdauer bezogen, erhalten wir, sowohl was Sauerstoffabgabe und Kohlensäureaufnahme betrifft, als auch, was den respiratorischen Gasaustausch anlangt, fast ebenso hohe Werte, wie bei der Pflanze, ein Beweis dafür, wie sehr der Verlauf dieser Vorgänge von der individuellen Anlage abhängig ist. Von sehr entscheidendem Einfluß auf die assimilatorischen und respiratorischen Gaswechselergebnisse ist es ferner, ob sich das betreffende Tier, in unseren Versuchen die Schmetterlingspuppe, während der Versuche ruhig verhält, oder ob es lebhafte Eigenbewegungen ausführt. Sämtliche Puppen, die bisher untersucht worden sind, verhielten sich während der Experimente meistens ganz ruhig, lebhafte Eigenbewegungen wurden nur dann beobachtet, wenn die Tiere dem Behälter entnommen oder in denselben eingelegt wurden, oder wenn eine starke Erschütterung oder plötzliche intensive Lichtwirkung einen heftigen Reiz auf die Puppen ausübte. Am beweglichsten waren die Sphingidenpuppen, am wenigsten beweglich die Segelfalterpuppen der Serie II.

Zur selben Zeit gelangte ich in den Besitz von sehr frischen, gesunden Puppen von Lasiocampa pini, der Tannenglucke. Es waren dies Tiere von außerordentlicher Reizbarkeit, die kleinste Lageveränderung genügte schon, um die ihrem Kokon entnommenen, mit einer weichen Hülle versehenen Puppen zu ausgiebigen und heftigen Bewegungen anzureizen.

Da wir wissen, daß in dem sich bewegenden Muskel sehr viel Sauerstoff verbraucht wird, daß hier dementsprechend eine bedeutende Kohlensäurebildung stattfindet, so war das Resultat der Atmungsversuche mit diesen Puppen von vorneherein vorauszusehen. Es war anzunehmen, daß bei den sich bewegenden Puppen die Assimilationsprozesse so lange durch den Atmungsprozeß verdeckt würden, als von der Puppe Muskelarbeit geleistet wird. Das Ergebnis der Analyse entsprach, wie aus dem Folgenden zu ersehen ist, dieser Voraussetzung in jeder Hinsicht.

II. Atmungsversuche mit Puppen der Tannenglucke.

Versuch 130. 21. IV. 05. Puppen der Tannenglucke. 5·08 grm. 9 Stunden. 13° C. 760 mm Hg. 11·16 mm Dampfsp. Vol.′ = 160·7, Vol.″ 155·4. Die Puppen bewegten sich nach der Analyse nicht mehr.

	Analyse′:		Analyse″:		Differenz:		Für 20 grm in 12 Std.
N	= 61·0	92·20	60·2	87·99	−0·8	−4·21	−22·10
O	= 12·8	19·35	13·4	19.58	+0·6	−0·23	− 1·20
CO_2	= 26·2	41·46	26·4	38·50	+0·2	−2·96	−15·54
	100·0	153·01	100·0	146·07		−6·94	= Vol.-Abnahme.

In den übrigen Versuchen ergab sich:

(129)	N	= −0·30	− 1·57	(131) −1·70	−11·08	(132) −1·90	− 7·92
	O	= −3·10	−16·28	−1·49	− 9·71	−2·52	−13·28
	CO_2	= +0.59	+ 3·09	−1·01	− 6·58	+0·10	+ 0·52

(133)	N	= +0·30	+ 1·57	(134) −1·32	− 7·78
	O	= −3·24	−17·01	−2·34	−13·82
	CO_2	= +1·27	+ 6·66	+2·09	+12·34

Im Mittel für 20 grm in 12 Stunden

N = − 8·31
O = −11·88
CO_2 = + 0·08

Zu den Versuchen, deren Resultate in der tabellarischen Übersicht mitgeteilt sind, waren drei Puppen der Tannenglucke verwendet worden, davon waren zwei weiblichen und eine männlichen Geschlechts. Die weiblichen Puppen sind bedeutend größer wie die männlichen; alle drei Puppen wogen zusammen 5·08 g. Die Puppen zeichneten sich, wie erwähnt, durch sehr große Reizbarkeit aus, so daß schon durch den leisesten Stoß, z. B. durch das Herantreten einer Person an den Tisch, auf dem die Puppen lagen, lebhafte Bewegungen bei denselben ausgelöst werden konnten. Wir sehen nun, daß in den sechs Tagesexperimenten, die mit diesen Puppen angestellt worden sind, nur einmal eine geringe Sauerstoffabgabe gemessen worden ist. Hand in Hand damit war eine beträchtliche Kohlensäureabsorption zu beobachten. In allen übrigen Versuchen wurde Sauerstoff verbraucht, und wie wir sehen, in ganz erheblichen Mengen. Auch eine Absorption von Kohlensäure konnte nur noch einmal am darauffolgenden Tag beobachtet werden. Es ergibt sich hieraus, daß bei Lasiocampa pini der Assimilationsprozeß durch die Atmungstätigkeit verdeckt wird, eine Tatsache, die ich in der Lebhaftigkeit der Puppen begründet sehe. In dem einen Fall nämlich, wo Sauerstoffabgabe nachzuweisen war, hatte die Bewegungsfähigkeit der Puppen durch einen sehr hohen Gehalt der Atmosphäre an Kohlensäure eine Lähmung erfahren, die Muskeltätigkeit war aufgehoben und damit die Ursache eines größeren Verbrauchs an Sauerstoff und einer ausgiebigeren Abscheidung von Kohlensäure beseitigt. Nun überwog, wie es am Tag bei den übrigen Schmetterlingspuppen in der Mehrzahl der Fälle eingetroffen war, der Assimilationsprozeß denjenigen der Atmung. Daß die Aufhebung der Muskeltätigkeit tatsächlich notwendig ist, um die assimilatorische Tätigkeit des tierischen Organismus zur Geltung zu bringen, ersehen wir noch deutlicher aus den hier folgenden Versuchsergebnissen mit Schmetterlingsraupen.

Versuche mit Schmetterlingsraupen.

a) Tagesversuche.

α) Raupen vom Brennesselwickler:

Versuch 137. 10. V. 0·239 grm. Wicklerraupen. 7 Stunden. 17° C. 756 mm Hg. 14·4 mm Dampfsp. Vol.′ 163·0, Vol.″ 164·6.

	Analyse′:		Analyse″:		Differenz:		Für 20 grm in 12 Std.
N	=63·6	95·23	64·2	97·07	+0·8	+1·84	+2640·0
O	=16·4	24·56	16·8	25·40	+0·4	+0·84	+ 120·5
CO_2	=19.6	29·35	19·0	28·73	—0·6	—0·62	— 889·4
	99·6	149·14	100·0	151·20		+2·06	= Vol.-Zunahme.

Versuch 135. 24. IV. 0·043 grm. 7 Stunden. 12·5° C. 756 mm Hg. 10·8 mm Dampfsp. Vol.′ 165·6, Vol.″ 165·0.

	Analyse′:		Analyse″:		Differenz:		Für 20 grm in 12 Std.
N	=67·8	105·30	67·6	104·70	—0·2	—0·60	— 478.4
O	=14·2	22·05	15·2	23·50	+1·0	+1·45	+1157·0
CO_2	=18·0	27·95	17·2	26·60	—0·8	—1·35	—1069·0
	100·0	155·30	100·0	154·80		—0·50	= Vol.-Abnahme.

In den anderen Versuchen ergab sich:

(136)	N =	—1·63	—978·0	(138)	+0·04	+ 4·88
	O =	—0·43	—162·80		+0·99	+118·2
	CO_2 =	—1·02	—612·00		—0·47	— 56·12
(139)	N =	—4·27	—418·20	(140)	—3·23	—168·60
	O =	—1·06	— 93·10		—0·52	— 39·31
	CO_2 =	—0·51	— 45·18		—1·21	— 91·47

Im Mittel für 20grm in 12 Stunden:

N = —100·11
O = +183·41
CO_2 = —460·52

Tagesversuch 143 in atmosphärischer Luft. 30. V. 0·307grm. 8·5 Stunden. 25° C. 760mm Hg. 23·55mm Dampfsp. Vol.′ 163, Vol.″ 164·2.

	Analyse′:		Analyse″:		Differenz:		Für 20grm in 12 Std.
N	=80	116·30	78·6	116·00	—1·4	—0·30	—27·90
O	=20	29·07	20·0	29·52	±0.0	+0·45	+41.39
CO_2	= 0·0	0·00	0·6	0·88	+0·6	+0·88	+80·94
	100·0	145·37	99·2	146·40		+1·03 = Vol.-Zunahme.	

b) Nachtversuche:

Versuch 142. 27. V. 0·389grm. 16·5 Stunden. 19·5° bis 21° C. 760mm Hg. 16·86 bis 18·49mm Dampfsp. Vol.′ 163, Vol.″ 161.

	Analyse′:		Analyse″:		Differenz:		Für 20grm in 12 Std.
N	=79·0	117·80	80·0	116·70	+1·0	—1·10	— 41·30
O	=20·6	30·69	17·4	25·38	—3·2	—5·31	—199·60
CO_2	= 0·4	0·59	2.6	3·79	+2·2	+3·20	+120·30
	100·0	149·8	100·0	145·87		—3·21 = Vol.-Abnahme.	

(141)	N =	+1·94	+57·14
	O =	—0·84	—24·74
	CO_2 =	—0·84	—24·74

β) Raupen vom Kleinen Fuchs.

a) Tagesversuche.

Versuch 144. 10. VI. 0·635grm. 5 Stunden. 19° bis 20° C. 757mm Hg. 16·34 bis 17·39mm Dampfsp. Vol.′ 130, Vol.″ 144·4ccm.

	Analyse':		Analyse'':		Differenz:		Für 20^{grm} in 12 Std.
N	=60·4	71·54	61·2	80·40	+0·8	+ 8·86	+669·80
O	=12·0	14·21	13·7	18·00	+1·7	+ 3·79	+286·50
CO_2	=27·6	32·69	24·9	32·71	—2·7	+ 0.02	+ 1·54
	100·0	118·44	99.8	131·11			+12·67 = Vol.-Zunahme.

(145)	N	=—0·92	—94·12	(146)	—7·53	—180·4
	O	=—0·17	—17·39		—7.17	—171·7
	CO_2	=—0·32	—32·74		+6·97	+167·0
(147)	N	=—16·00	—701·50	(148)	—11·82	—403·0
	O	=— 5·28	—231·50		— 4.60	—156·9
	CO_2	=+ 2·02	+ 88·56		— 4.40	—150·1

Im Mittel für 20^{grm} in 12 Stunden:

N	=	—141·84
O	=	— 58·19
CO_2	=	+ 14.87

b) Nachtversuch.

(149) N	=	+4·28	+74·78
O	=	—2.66	—58·16
CO_2	=	—0·11	— 2·40

Die Experimente mit Schmetterlingsraupen wurden erst Ende April begonnen, und zwar verfiel ich zuerst auf die grünen Räupchen des in den aufgerollten Blättern der Brennessel lebenden Wicklers Botys urticata. Die Räupchen sind intensiv grün gefärbt durch den mit der Nahrung aufgenommenen, in dem Darm in Lösung übergehenden und von dem Blut der Raupe aufgenommenen Chlorophyllfarbstoff. Die Anwesenheit dieses, wenn auch durch die Verdauung veränderten, für die Assimilation so wichtigen Pflanzenpigmentes schien mir einen besonders günstigen Ausfall der Experimente zu versprechen. Schon die ersten Versuche bewiesen, daß ich mich nicht geirrt hatte, und alle Experimente, die ich später auch noch mit Vanessenraupen angestellt habe, zeigten, daß tatsächlich die grünen Wicklerraupen ein ausgezeichnetes Objekt zum Studium der Kohlensäureassimilation bei Raupen darstellen.

In den sieben mit Botys urticata angestellten Tagesexperimenten fand sechsmal Kohlensäureabsorption statt, die in drei Fällen mit Sauerstoffabgabe verbunden war. Die Sauerstoffproduktion war im ersten Versuch am größten, und die Raupen zeigten sich während desselben vollständig bewegungslos. Je öfter indessen mit ihnen experimentiert wurde, desto schwieriger wurde es, dieses Stadium der Lähmung zu erreichen; die

Raupen blieben schließlich auch noch bei einem Gehalt an Kohlensäure von 27·6 Prozent reizempfindlich, so daß sie sich noch im Wasser krümmten, wenn die Luft aus dem Behälter in die Meßburette übergetrieben wurde. Wenn auch die Wicklerraupen als ein sehr günstiges Objekt zum Studium der assimilatorischen Vorgänge bei Raupen angesehen werden können, so stehen sie an Sicherheit der Leistung doch hinter den unbeweglichen oder doch viel weniger beweglichen Puppen zurück. In den Fällen freilich, wo die äußeren Verhältnisse richtig gewählt wurden, wo der Atmungsprozeß genügend unterdrückt und der Sauerstoffverbrauch durch den sich bewegenden Muskel eingeschränkt werden konnte, ergab sich die Assimilationstätigkeit der Raupe als eine sehr intensive. So finden wir z. B. im ersten Versuch, daß das abgespaltene Sauerstoffvolumen, auf 20 grm Substanz und 12 Stunden Versuchsdauer berechnet, nicht weniger wie 1157 ccm betrug, ein Volumen, das die Produktion von seiten der Brennesselpflanze weit übertrifft. Nicht weniger hoch ist das Maß für die Atmungstätigkeit der Raupe, das sich namentlich aus einem Nachtversuch, in dem die Atmungsluft nur 0·4 Prozent des Gases enthielt, sehr deutlich zu erkennen gibt. Es hatte in diesem Fall, ebenfalls auf 20 grm Substanz und 12 Stunden Versuchsdauer bezogen, ein Sauerstoffverbrauch von 199·6 ccm und eine Kohlensäureabgabe von 120 ccm stattgefunden. Ein zweiter Versuch wurde darauf bei Tag, ebenfalls in atmosphärischer Luft, vorgenommen. Es fand sich am Schluß des Experimentes eine Zunahme an Sauerstoff von 41 ccm und an Kohlensäure von 80 ccm, auch wieder auf die Norm von 20 grm und 12 Stunden berechnet. Wir haben auch hier wieder einen Fall vor uns, wo der Sauerstoffabgabe keine Aufnahme von Kohlensäure unmittelbar vorhergeht, einen Fall, bei dem wir uns zu fragen haben, welche Zersetzungen sich wohl im Organismus des Tieres vollziehen mußten, um dieses Mehr an Sauerstoff zu beschaffen.

Einen weiteren Fall von sehr ausgiebiger Sauerstoffproduktion beobachtete ich in einem Experiment mit Raupen vom Kleinen Fuchs (Vanessa urticae), bei denen es sonst nicht so leicht gelungen ist, die Assimilationsvorgänge zur Anschauung zu bringen. Auf 20 grm Raupen und 12 Stunden Versuchsdauer bezogen, hatten die Raupen 286 ccm Sauerstoff produziert.

Auch in bezug auf den Stickstoffstoffwechsel bieten uns die Schmetterlingsraupen ganz interessante Abweichungen von dem Verhalten der Puppen. Während bei der Schmetterlingspuppe in der weit überwiegenden Zahl der Fälle Stickstoffabsorption stattfand, kommt bei den Raupen fast ebenso häufig Stickstoffabgabe vor. Wir können uns dieses verschiedene Verhalten der Raupen nur dadurch erklären, wenn angenommen wird, daß wir es bei den Puppen mit hungernden Tieren zu tun haben, während der Darm der Raupen bei dem Experiment meistens noch mit Nährmaterial angefüllt war. Dies würde dem Verhalten bei höheren Tieren vollkommen entsprechen, wo allgemein beim normal ernährten Individuum Stickstoffabgabe, beim hungernden aber Stickstoffaufnahme beobachtet wird.

Weitere Nachweise einer Sauerstoffabscheidung im Licht bei Raupen und Puppen von Schmetterlingen.

1. Anwendung der Engelmannschen Bakterienmethode.

Nachdem durch die gasanalytische Untersuchung festgestellt worden war, daß sowohl die Puppen wie die Raupen von Schmetterlingen unter geeigneten Bedingungen in kohlensäurereicher Luft, besonders unter dem Einfluß des Lichtes, Kohlensäure aufnehmen und Sauerstoff abgeben, schien es mir wichtig zu untersuchen, ob dieser assimilatorische Prozeß auch unter normaleren Verhältnissen, d. h. ohne einen künstlich gesteigerten Prozentgehalt der Atmosphäre an Kohlensäure vor sich gehe. Gleichzeitig hoffte ich darüber Aufschluß zu bekommen, ob bei der Assimilation bestimmter Gewebe der Puppe und Raupe, vielleicht die farbstoffhaltigen Epithelzellen, ausschließlich beteiligt seien. Ich bediente mich zu diesem Zweck der Engelmannschen Bakterienmethode, durch die noch die geringsten Spuren freien Sauerstoffs nachzuweisen sind, und die am ehesten Aufschluß über eine Lokalisation der Assimilationstätigkeit geben kann. Ein sehr kleines Räupchen vom Brennesselwickler (Botys urticata) wurde in einen Tropfen Infusorien oder Heubakterien enthaltende Flüssigkeit eingeschlossen, indem ich das die Raupe und den Wassertropfen bedeckende Deckgläschen durch einen Rand von Glyzeringelatine oder von Kanadabalsam auf den Objektträger, auf dem sich die Raupe in der Bakterienflüssigkeit befand, luftdicht befestigte. Den ersten Versuch machte ich mit einer kleinen Kolonie von Wimperinfusorien (Paramäcium). Die Infusorien waren zuerst außerordentlich lebhaft und bewegten sich während der ersten Viertelstunde mit großer Schnelligkeit in dem Wassertropfen umher. Nach einiger Zeit ließ indessen ihre Beweglichkeit nach, und man beobachtete, wie die Infusorien sich um einzelne, beim Anfertigen des Präparates mit eingedrungene Luftblasen scharten. Die Raupe war inzwischen bewegungslos geworden. Das Präparat war unter dem Mikroskop in der Weise aufgestellt, daß eine Seite der Raupe heller beleuchtet war wie die andere. Nach Verlauf von etwa einer Stunde waren sämtliche Paramäcien aus den peripheren Teilen des Präparates, wo sie sich vorher umhergetrieben hatten, verschwunden, und hatten sich an dem Raupenkörper gesammelt und zwar so, daß sich alle auf der stärker beleuchteten Seite befanden. Ihre Beweglichkeit war vollkommen normal, obwohl sie sich nie weit von der Raupe entfernten. Wurde nun das Präparat so orientiert, daß die vorher stärker beleuchtete Seite vom Licht abgekehrt war, so konnte man schon nach einigen Minuten verfolgen, wie das eine oder andere Paramäcium Anstrengungen machte, um sich unter oder über der Raupe hinweg nach der beleuchteten Seite hinüberzuarbeiten. Bis zum Mittag waren alle Paramäcien wieder auf der beleuchteten Raupenseite zu finden und bewegten sich bis zum Abend sehr lebhaft. Den folgenden Morgen waren die Infusorien indessen bewegungslos geworden, und kein Lichtreiz vermochte sie mehr zum Leben zu erwecken. Die Raupe selbst, die vorher schön grün war, hatte sich ins Gelbe verfärbt, sie war ebenfalls abgestorben.

Den zweiten Versuch machte ich mit einer Kultur von Heubakterien. Das Experiment war genau ebenso angeordnet wie das erste; auch der Verlauf des Versuchs war derselbe. Als ich den die Bakterien enthaltenden Tropfen zugesetzt und Raupe samt Flüssigkeit luftdicht eingeschlossen hatte, zerstreuten sich die Bakterien erst ziemlich gleichmäßig im ganzen Präparat und umringten besonders dicht die darin enthaltenen Luftblasen. Sobald der Sauerstoff des Wassers und der Luftblasen aufgebraucht war, zogen sich die Bakterien in immer dichteren Massen auf den Raupenkörper zurück und befanden sich im ganzen Umkreis desselben in lebhaftester Bewegung. Bald konnte man indessen an bestimmten Stellen der Raupe Bewegungszentren beobachten, in denen die Bakterien bis gegen Abend in lebhaftestem Schwärmen begriffen waren. Die Bakterienanhäufungen waren an diesen Stellen so dicht, daß sie schon mit bloßem Auge als trübe Flecke wahrgenommen werden konnten. Auch in der übrigen Umgebung des Körpers sah man noch schwärmende Bakterien, die Anhäufungen standen indessen hier in keinem Verhältnis zu den oben erwähnten Hauptsammelpunkten. Die größte Anziehungskraft für die Bakterien schien mir von der Umgebung der dem Licht am meisten zugekehrten Stigmenöffnungen auszugehen; auch an einer Stelle, wo die feinen Bindehäute zwischen den Abdominalringen infolge einer Krümmung des Körpers frei nach außen gekehrt waren, hatten sich schwärmende Bakterien in großer Zahl gesammelt. Ich schließe daraus, daß sowohl das Tracheensystem, das ähnlich wie bei den Pflanzen den ganzen Körper des Insekts durchsetzende, luftführende feine Kanalnetz, der Sauerstoffleitung dient, daß dieser aber auch aus den dünnen, die Hinterleibsringe verbindenden Häuten herausdiffundieren kann. Für die Bildungsstätte des Sauerstoffs, für die Kenntnis der die Assimilation ausführenden Gewebe haben wir damit freilich keinen Anhaltspunkt gefunden.

Da der Darm der Botysraupen mit Pflanzenzellen angefüllt zu sein pflegt, so hielt ich es für notwendig, um mich nicht auf falsche Voraussetzungen zu stützen, die assimilatorische Tätigkeit der in dem Darm enthaltenen und noch Chlorophyll führenden Blattstückchen zu untersuchen. In einem dritten Präparat wurde deshalb eine Raupe nebst ihrem mittels einer feinen Pinzette entnommenen Darm in einen Tropfen Bakterienflüssigkeit eingeschlossen. Ich hatte erwartet, die dem Körper entnommenen, dem Licht ausgesetzten Blattstückchen würden eine erheblich größere assimilatorische Tätigkeit entwickeln wie der Raupenkörper. Das Ergebnis war umgekehrt. Am lebhaftesten bewegten sich die Bakterien an einer Stelle des Raupenkörpers, die dem Darm abgekehrt und dem Licht zugekehrt war; um den Darm und dessen Inhalt selbst bildeten sich keine größeren Ansammlungen. Endlich versuchte ich noch die Intensität der assimilatorischen Tätigkeit der Raupengewebe mit der Pflanze zu messen. Ein Stückchen eines Brennesselblattes wurde mit einem Stück einer grünen Botysraupe in Bakterienflüssigkeit eingeschlossen und unter das Mikroskop gelegt. Die Bakterien sammelten sich sowohl um das tierische Gewebe, wie um das Pflanzengewebe an. Die größte Anziehungskraft wurde am Anfang entschieden von der Pflanze ausgeübt, nach einiger Zeit umschwärmten die Bakterien das Raupenstück ebenso lebhaft wie das Blatt, dessen assimilatorische Tätigkeit aber schließlich wieder überwog. Bis zum Abend waren auch die Bakterien in der Umgebung des Blattes zur Ruhe gekommen.

Es bleibt noch zu erwähnen, daß durch Abblenden des Lichtes sowohl die Bewegung der Infusorien im ersten Versuch, wie auch die Bewegung der Bakterien sehr bald verlangsamte und zum fast völligen Stillstand gebracht werden konnte.

Es wäre nun noch notwendig zu untersuchen, in welcher Region des Spektrums sich die assimilatorischen Prozesse, die sich durch die Anwesenheit freien Sauerstoffs kundgeben, mit größter Intensität vollziehen. Aus Mangel des dazu notwendigen Apparates konnte ich der Lösung dieser Frage nicht näher treten, als es schon früher durch die Versuche monochromatischer Beleuchtung geschehen ist. Weitere Untersuchungen in dieser Richtung dürften über die Rolle Aufschluß geben, welche den grünen und roten Körperpigmenten der Raupen und Puppen bei dem Assimilationsprozeß zuzuschreiben ist.

2. Anwendung der Hoppe-Seylerschen Hämoglobinmethode.

Da die Bakterienmethode nur für kleine Objekte angewandt werden kann, so bediente ich mich für Puppen neben der Gasanalyse der von Hoppe-Seyler zuerst eingeführten Hämoglobinmethode zum Sauerstoffnachweis.

In eine reduzierte Hämoglobinlösung wurde eine Puppe von Sphinx euphorbiae eingeschlossen und das gut verschlossene Reagenzglas in die Sonne gestellt. Bei Beginn des Experimentes hatte die Lösung das spektroskopische Bild des reduzierten Hämoglobins gegeben. Nachdem das Glas eine Zeitlang der Sonne ausgesetzt war, bildete sich in der Umgebung der Puppe eine Schicht, die dem bloßen Auge schon heller rot erschien. Im Spektroskop zeigten sich in dieser Schicht die Streifen des Oxyhämoglobins, die in das Spektrum des reduzierten Hämoglobins überführten, sobald das Glas etwas umgeschüttelt wurde. Nach weiterer Lichtexposition traten aufs neue die Streifen des Oxyhämoglobins in der Umgebung der Puppe auf, konnten aber auch dann durch Umschütteln wieder zum Verschwinden gebracht werden. Nachdem ich denselben Vorgang mehrere Male beobachtet hatte, wurde der Versuch abgebrochen.

Die Kurven zur Erläuterung der Atmungs- und Assimilationsvorgänge.

Um die Analogie der Vorgänge bei Puppe und Pflanze und die Unterschiede des täglichen und nächtlichen Gaswechsels noch deutlicher zur Anschauung zu bringen, habe ich den Verlauf und die Größe der Assimilation und Atmung bei Tag und bei Nacht in Kurven dargestellt (siehe die Tafeln Ende des Bandes). Die Stickstoffkurve, die Sauerstoffkurve und die Kohlensäurekurve sind durch verschiedene Linien- und Punktsysteme bezeichnet, so daß es leicht zu übersehen ist, welche Rolle jedes Gas in dem Wechsel von Tag und Nacht, in den einzelnen Versuchsserien spielt. Die Versuchsdauer ist auf der Abszissenachse abgetragen, und es entspricht hier die Länge von 3 Quadraten einer Versuchsdauer von 12 Stunden. Die Absorptions- und Exhalationswerte entsprechen den Ordinaten, 1^{ccm} ist hier ein Quadrat. Die Ordinaten über der Abszissenachse stellen die ausgeatmeten Gasvolumina dar, die unter der Abszissenachse die aufgenommenen Gasmengen. Die Endpunkte der Ordinaten sind durch Linien verbunden, von denen die vollausgezogenen bzw. dunkleren die Atmung bei Tag, die unterbrochenen bzw. helleren, die Atmung bei Nacht repräsentieren. Die an den Scheitelpunkten stehenden Zahlen geben die Größe der Gasaufnahme oder -abgabe in Kubikzentimetern an. Die besonderen Bedingungen, unter denen jeder Versuch ausgeführt wurde, finden sich am unteren Rand jeder Kurventafel verzeichnet.

Die Kurven bringen auf diese Weise den Maßstab der Assimilations- und Atmungsgröße bei Pflanze und Tier deutlich zum Ausdruck und zeigen, daß ähnliche äußere Verhältnisse die Stoffwechselvorgänge der Vertreter beider organischer Reiche in analoger Weise beeinflussen. Wir finden nämlich, daß, ebenso bei der Pflanze, wie beim Tier, Kurvenmaxima und -minima auf denselben Tag, bzw. auf dieselbe Nacht entfallen.

1. Puppen von Papilio podalirius Serie II.

Die Kurve der Serie II mit Puppen vom Segelfalter beginnt mit einem Tagesversuch am 8. März. Es findet, wie wir aus dem Verlauf der Sauerstoff- und Kohlensäurelinie ersehen, eine geringe Abgabe beider Gase statt. Im darauffolgenden Nachtversuch ist eine erhebliche Aufnahme von Sauerstoff und eine entsprechend große Abscheidung von Kohlensäure zu beobachten, wie aus dem Abfallen der Sauerstoff- und dem Ansteigen der Kohlensäurelinie hervorgeht. Der sich anschließende Tagesversuch vom 9. März bringt eine kleine Sauerstoffabgabe von 0·15^{ccm} und eine größere Kohlensäureabsorption von 1·38^{ccm}. In der folgenden Nacht ist die Kohlensäureproduktion eine sehr unbedeutende = 0·10^{ccm}, die Sauerstoffaufnahme dagegen ziemlich bedeutend = 2·10^{ccm}. Die Folge dieses Mißverhältnisses zwischen Sauerstoffaufnahme und Kohlensäureabscheidung ist im nächsten Tagesversuch vom 10. März eine für den Tagesversuch ziemlich beträchtliche Abscheidung von Kohlensäure. Es findet an diesem Tag keine Sauerstoffabgabe, sondern eine sehr geringe Aufnahme des Gases statt = 0·10^{ccm}. Der folgende Nachtversuch wurde in der Weise ausgeführt, daß die Puppen nicht wie bisher ins Dunkle verbracht wurden, sondern auf dem Arbeitstisch am Fenster lagen und von Sonnenaufgang an, also von 6½ Uhr an, belichtet waren. In dem Versuchsresultat drückt sich dieser Umstand in sehr charakteristischer Weise aus, anstatt einer Sauerstoffaufnahme, die in den bisherigen Versuchen während der Nacht zu beobachten war, finden wir eine Abgabe dieses Gases von 0·65^{ccm}, die von einer fast ebenso großen Absorption von Kohlensäure begleitet ist. Während des darauffolgenden Tages war die Sauerstoffproduktion nur wenig höher, als während der Nacht, sie betrug 0·70^{ccm}. Gleichzeitig wurde auch Kohlensäure abgeschieden = 1·10^{ccm}. Es folgt ein Nachtversuch, indem sowohl Sauerstoff- wie Kohlensäureabsorption zu verzeichnen ist; am nächsten Tag ist die assimilatorische Tätigkeit nur gering, es wurde nur 0·42^{ccm} Sauerstoff produziert und 0·03^{ccm} Kohlensäure aufgenommen. Die bisher stärkste Kohlensäureabscheidung findet sich in der darauffolgenden Nacht vom 13. auf den 14. März. Wir finden einen Überschuß von 2·03^{ccm} CO_2 bei sehr geringer Sauerstoffaufnahme = 0·02^{ccm}. Am 14. März wurden die Puppen unter blaue Beleuchtung gebracht mit dem Erfolg, daß sie 1·5^{ccm} Sauerstoff und 0·98^{ccm} Kohlensäure aufnahmen. Eine Sauerstoffproduktion finden wir in der auf diesen Versuch folgenden Nacht, während welcher die Puppen wieder *nicht* vor Morgenlicht geschützt wurden. Wie in den vorhergehenden Experimenten vom 10. bis 11. März gaben die Puppen von Sonnenaufgang an Sauerstoff ab, anstatt solchen aufzunehmen. Auch an dem darauffolgenden Tagesversuch vom 15. März wurde assimiliert; die Puppen befanden sich unter *roter Beleuchtung*, und es entsprach einer Sauerstoffabgabe von 1·01 ccm eine Kohlensäureaufnahme von 0·43 ccm. Die stärkste Einatmung finden wir in dem sich jetzt anschließenden Nachtversuch, es wurden 4·98 ccm Sauerstoff konsumiert und 1 ccm Kohlensäure abgegeben. Es folgt ein Tagesversuch unter blauer Beleuchtung mit erheblicher Kohlensäureabgabe und einer sehr geringen Abscheidung von Sauerstoff 0·06 ccm und ein Nachtexperiment, bei dem die Puppen morgens belichtet waren aber dennoch vorwiegend geatmet hatten. Die Analyse des Versuches vom 17. März mußte ausfallen, und es schließt sich daher an das Nachtexperiment vom 16. bis 17. sofort dasjenige vom 17. bis 18. an, das durch die höchste Kohlensäureabgabe während der ganzen Versuchsreihe und durch geringe Sauerstoffaufnahme charakterisiert ist. *Es folgt der Tagesversuch vom 18. März unter roter Beleuchtung, in dem der Assimilationsprozeß vollkommen schematisch verläuft, so daß der assimilatorische Quotient, das Verhältnis der aufgenommenen Kohlensäure zum abgegebenen Sauerstoff, kaum größer ist wie 1.* Auch während des Tagesversuchs vom 19. März bleibt dieses Verhältnis erhalten. In der nächsten Nacht ist wieder eine erhebliche Sauerstoffaufnahme zu verzeichnen: 1·30 ccm bei sehr geringer Kohlensäureabgabe: 0·26 ccm. Diese steigt während des darauffolgenden Tagesversuchs auf 1·59 ccm und ist von einer unbedeutenden Sauerstoffabscheidung begleitet. *Im darauffolgenden Nachtversuch findet wieder Belichtung der Puppen von Sonnenaufgang an statt mit dem Erfolg, daß die Puppen abermals 0·95 ccm Kohlensäure aufnehmen und 0·63 ccm Sauerstoff abscheiden.* Die Sauerstoffabgabe steigt im nächsten Tagesexperiment vom 22. März auf 1·25 ccm, die Kohlensäureabsorption beträgt 0·54 ccm. Die Bedingungen des Nachtversuchs vom 23. bis 24. März unterscheiden sich dadurch von denen der bisherigen Experimente, daß die Puppen *zu Beginn* desselben vielleicht eine halbe Stunde lang *hellem Auerlicht ausgesetzt waren.* Möglicherweise ist der Sauerstoffüberschuß, der sich am Schluß des Experiments in dem Puppenbehälter fand, auf erwähnten Umstand zurückzuführen. Es wurde von den Puppen eine der Sauerstoffabgabe annähernd entsprechende Menge Kohlensäure abgegeben. In den darauffolgenden Tagesexperimenten ist das Ergebnis der assimilatorischen Tätigkeit wieder sehr deutlich, auf 0·51 ccm aufgenommene Kohlensäure kommen 1·56 ccm abgegebenen Sauerstoffs. In der Nacht vom

24. bis 25. März war sowohl eine Sauerstoff- wie Kohlensäureabsorption zu verzeichnen. Am 25. März wurden zwei Tagesversuche gemacht. Der erste dauerte $5^3/_4$ Stunden. Von vormittags $11^1/_4$ Uhr bis nachmittags 5 Uhr; die Puppen hatten in dieser Zeit $0 \cdot 94^{ccm}$ CO_2 aufgenommen und $0 \cdot 82^{ccm}$ O abgegeben. Der zweite Versuch währte nur 2 Stunden, von 5 bis 7 Uhr nachmittags, es fand bei demselben eine Sauerstoffabgabe von 0·53 und eine Kohlensäureproduktion von $0 \cdot 39^{ccm}$ statt. Bei dem nun folgenden Nachtversuch war das Gas wiederum bei Auerlicht eingeleitet worden; die Analyse ergab eine geringe assimilatorische Tätigkeit. Es folgt ein Tagesversuch mit erheblicher Sauerstoffproduktion aber sehr geringer Kohlensäureabsorption $0 \cdot 01^{ccm}$. Trotzdem, daß in dem folgenden Nachtexperiment die Puppen von Sonnenaufgang an Licht empfingen, wurde beträchtlich Kohlensäure abgeschieden ($2 \cdot 12^{ccm}$) und etwas Sauerstoff aufgenommen ($0 \cdot 06^{ccm}$). Eine geringe Kohlensäureabgabe ($0 \cdot 45^{ccm}$) ist auch am folgenden Tag mit ausgesprochener Sauerstoffabscheidung verbunden. Kohlensäureabsorption findet im darauffolgenden und letzten Nachtversuch statt, in welchem die Puppen morgens Licht empfangen hatten, sie ist mit einer gleichzeitigen Abgabe von Sauerstoff verbunden.

Die Stickstofflinie verläuft während der ganzen Versuchsreihe unterhalb der Abszissenachse und deutet in ihrem Steigen und Fallen eine fortwährende aber verschieden große Absorption dieses Gases an. Eine bestimmte Abhängigkeit ihres Verlaufs von Tages- und Nachtversuchen ist nicht zu verzeichnen.

2. Puppen von Papilio podalirius Serie III.

Die Kurve beginnt mit einem Tagesversuch am 21. März. Derselbe währte nur 3 Stunden und hatte eine erhebliche Kohlensäureabsorption von $5 \cdot 82^{ccm}$ und eine geringe Abscheidung von Sauerstoff von $0 \cdot 38^{ccm}$ zur Folge. Ein siebenstündiger Tagesversuch vom 22. März ist durch eine entsprechend stärkere Sauerstoffabgabe von $1 \cdot 05^{ccm}$ und eine geringere Aufnahme von Kohlensäure von $0 \cdot 92^{ccm}$ charakterisiert; Kohlensäureabsorption und Kohlensäurezersetzung halten sich hier ziemlich die Wagschale, der Assimilationsprozeß ist etwas energischer als am selben Tag bei Serie III. In der folgenden Nacht vom 22. bis 23. tritt statt Assimilation Atmung ein, es werden $0 \cdot 87^{ccm}$ CO_2 ausgeatmet und $1 \cdot 33^{ccm}$ O aufgenommen. In zwei verschieden lang andauernden Versuchen vom 23. März ist abermals Assimilation zu beobachten, in der folgenden Nacht vom 23. bis 24. findet eine ausgiebige Atmung mit $1 \cdot 43^{ccm}$ Sauerstoffaufnahme und $2 \cdot 55^{ccm}$ Kohlensäureabgabe statt. Während eines zweistündigen Versuchs am 25. März wurde wieder assimiliert, in der darauffolgenden Nacht trat abermals der Atmungsprozeß in den Vordergrund. Am 26. war unter Tags keine Sauerstoffabgabe, wohl aber Kohlensäureaufnahme zu beobachten, in der Nacht vom 26. bis 27. wurde wieder geatmet. In dem Tagesversuch vom 27. finden wir geringe Sauerstoffabscheidung, dabei aber eine ganz erhebliche Abgabe von Kohlensäure. Eine besonders starke Atmungstätigkeit entfalten die Puppen in der Nacht vom 27. auf den 28. März. Auf 4·46 ^{ccm} absorbierten Sauerstoff kommt eine Kohlensäureabgabe von 5·31 ^{ccm}. Gleichzeitig erreichte auch die Stickstoffabsorption in dieser Nacht ihr Maximum mit 6·43 ^{ccm}. Es ist eigentümlich, daß auch bei dem Parallelversuch mit der Brennesselpflanze die Nacht vom 27. auf den 28. die größte Stickstoffabsorption (38·7 ^{ccm}) und den stärksten Atmungsprozeß ergab. Der erheblichen Sauerstoffaufnahme folgt in dem nächsten Tagesversuch, die höchste Sauerstoffabgabe während der ganzen Versuchsreihe (3·18 ^{ccm}) bei gleichzeitiger Kohlensäureabgabe (1·26 ^{ccm}). Sehr gering sind Sauerstoff- und Kohlensäureabscheidung am 29. März, während am 30. die Sauerstoffabgabe wieder steigt, aber nur halb so groß ist, wie die Kohlensäureabsorption. Dieser assimilatorischen Tätigkeit vom 30. März folgte in der Nacht auf den 31. energische Atmung, bei der 5.49 ^{ccm} Sauerstoff verbraucht und 2·18 ^{ccm} CO_2 produziert wurden. Es ist eigentümlich, daß in den nun folgenden Tages- und Nachtversuchen vom 31. März bis 3. April nur geatmet wurde, und noch merkwürdiger, daß sich in dem Nachtexperiment vom 3. bis 4. zum erstenmal wieder eine beträchtliche assimilatorische Tätigkeit geltend machte. Es bleibt noch hervorzuheben, daß von den Puppen dieser Serie in der Nacht vom 1. auf den 2. März am meisten Sauerstoff veratmet (6·91) und am meisten Kohlensäure (8·36) abgegeben wurde und daß diese maximale Atmungstätigkeit nicht nur in dieser Nacht bei den Puppen, sondern auch bei den Brennesselpflanzen zu beobachten war.

Stickstoff wurde am Anfang der Experimente nur aufgenommen, gegen Schluß der Versuche fand wiederholt Stickstoffabgabe statt.

3. Brennesselpflanze.

Die Versuche beginnen am 25. März mit einem Tagesversuch von 6 bis 7 Stunden Dauer, dessen Ergebnis eine Aufnahme von 1·67 ^{ccm} Kohlensäure und eine Abgabe von 3·92 ^{ccm} Sauerstoff war. Ich hatte am Nachmittag ein zweites Experiment von 2stündiger Dauer angestellt, bei dem jedoch Kohlensäure in beträchtlicher Menge 8·52 ^{ccm} abgegeben wurde und eine Sauerstoffabsorption von 1·17 ^{ccm} stattfand. In der folgenden Nacht finden wir, wie in derselben Nacht bei Serie II der Podaliriuspuppen, ebenfalls Sauerstoffabgabe, vielleicht daß auch hier der Umstand, daß die Pflanzen am Anfang des Experiments einige Zeit bei Auerlicht gelegen waren, das Resultat beeinflußt hatte. Mit dem Sauerstoff wurden auch 1·92 ccm Kohlensäure abgegeben. Am 26. war geringe Sauerstoffabgabe und erhebliche Kohlensäureabsorption zu verzeichnen. Auch in der darauffolgenden Nacht wurde Sauerstoff abgegeben und eine kleine Menge Kohlensäure 0·32 ccm aufgenommen. Die assimilatorische Tätigkeit stieg am folgenden Tag auf 4·83 ccm Sauerstoffabgabe, die von einer unbedeutenden Kohlensäureabscheidung begleitet war. In der Nacht vom 27. auf den 28. März erreichte die Atmungstätigkeit, wie schon erwähnt, auch bei den Segelfaltergruppen der III. Serie ihren Höhepunkt. Es folgte am 28. bei dem ersten 5stündigen Versuch dieses Tages Sauerstoffabgabe 1·30 ccm und Kohlensäureaufnahme 0·34 ccm. Im zweiten Versuch, der nur zwei Stunden währte, war die Sauerstoffabgabe nicht höher wie 0·86 ccm, gleichzeitig fand aber eine Kohlensäureaufnahme von 1·4 ccm statt. In der folgenden Nacht wurde von der Pflanze geatmet, der Sauerstoffverbrauch verhielt sich zur Kohlensäureabgabe wie 1·48 : 0·34 ccm. Sehr deutlich ist die Assimilationstätigkeit am 29. März, und ebenso die Atmung in der Nacht auf den 30. März, trotzdem, daß die Puppen von Sonnenaufgang an im Licht waren. In der Nacht vom 31. wurde dagegen assimiliert, 0·66 ccm CO_2 aufgenommen und 0·83 ccm abgegeben. Assimilation finden wir auch am 31. März; gesteigerte Atmungstätigkeit gab sich in der Nacht vom 1. auf den 2. April zu erkennen. Sehr gering war die Sauerstoffabgabe am 3., sie betrug nur 0·35 ccm bei einer verhältnismäßig großen Kohlensäureaufnahme von 2·64 ccm. In dem letzten Nachtversuch vom 3. auf den 4. April wurde neben Sauerstoff auch eine größere Menge Kohlensäure aufgenommen.

Stickstoff wurde in der ganzen Versuchsreihe absorbiert in abwechselnd kleineren und größeren Mengen.

Einfluß des Aufenthaltes in kohlensäurereicher Atmosphäre auf die Entwicklung der Raupen und Puppen von Schmetterlingen.

Die Gewichtsveränderung der Schmetterlingspuppen.

Es ist eine bekannte Tatsache, daß die Puppen von Schmetterlingen während ihrer Verwandlung in den Falter an Gewicht abnehmen, und zwar mehr oder weniger viel und mehr oder weniger schnell, je nachdem sie sich in warmer oder kalter, in trockener oder feuchter Umgebung aufhalten. Diese Gewichtsabnahme ist durchaus verständlich, wenn wir bedenken, daß sich die Puppen während dieser Ruheperiode in einem Zustand befinden, in dem sie weder feste noch flüssige Nahrung aufzunehmen vermögen, und wenn wir berücksichtigen, daß sich in dem Puppenorganismus fortgesetzt Oxydationsprozesse abspielen, die einen Abbau der Körpersubstanz und eine Bildung und Abscheidung von Kohlensäure zur Folge haben.

Über die Größe der Gewichtsabnahme der sich unter normalen Atmungsbedingungen befindenden Puppen sind von verschiedenen Forschern Messungen angestellt worden. Als einer der ersten, der hierüber systematische Erhebungen veröffentlicht hat, ist W. Blasius zu nennen, der schon 1866 eine Arbeit veröffentlichte, die die Gewichtsabnahme bei Schmetterlingspuppen zum Gegenstand hatte.[1]

Weitere Untersuchungen wurden von Urech[2] an den Puppen von Pieris brassicae, dem Kohlweißling, Deilephila euphorbiae, dem Wolfsmilchschwärmer, und Phalena pavonia minor, dem kleinen Nachtpfauenauge, gemacht. Auch Urech kam zu dem Ergebnis, daß eine Gewichtsabnahme der Schmetterlingspuppe während der ganzen Ruheperiode stattfindet, daß dieselbe indessen nicht zu jeder Zeit gleich groß zu sein pflegt. Er fand, daß die Gewichtsabnahme gegen das Ende des Puppenzustandes hin eine beschleunigte ist, besonders stark einige Tage vor dem Auskriechen. Es ergab sich ferner aus diesen Untersuchungen, daß sowohl der Feuchtigkeitsgehalt der Atmosphäre wie auch die Temperatur die

[1] W. Blasius, Über die Gesetzmäßigkeit in der Gewichtsabnahme der Lepidopteren von dem Zustande der ausgewachsenen Raupe an bis zu dem entwickelten Schmetterling. *Zeitschrift für wissenschaftliche Zoologie.* 1866. Bd. XVI. 1. Heft.

[2] Urech, Bestimmungen der sukzessiven Gewichtsabnahme der Winterpuppen von Pieris brassicae. *Zoologischer Anzeiger.* Bd. XI. S. 405. — Derselbe, Chemisch-analytische Untersuchungen an lebenden Raupen und an ihren Sekreten. *Ebenda.* Bd. XIII. S. 255, 272, 309, 334.

Gewichtskurve in ihrem Verlaufe beeinflussen, und zwar in der Weise, daß höhere Temperatur und Trockenheit die Puppenruhe abkürzen und von Anfang an den Verlauf der Kurve steiler gestalten: „Die Kurven, welche die Gewichtsabnahme der Puppen graphisch darstellen, liegen in der Reihenfolge übereinander, wie die Temperaturgrade aufeinander folgen.“ Die Gewichtsabnahme ist aber nach Urechs Berechnungen nicht einfach proportional der Zeit und auch nicht einer höheren Potenz derselben. Um dieselbe zu berechnen, müssen vielmehr Interpolationsformeln zu Hilfe genommen werden, in denen außer der Zeitdauer auch die Ausscheidungsprodukte Berücksichtigung finden. Es kommt Urech nicht unwahrscheinlich vor, daß in dem Maße, als sich Wasser infolge der physikalisch-chemischen Vorgänge ausscheidet, auch die Lebensvorgänge in der konzentrierter gewordenen Lösung schneller ablaufen, und indem sich dieses fortsetzt, die Gewichtsabnahme eine immer schnellere wird, um schließlich mit dem Auskriechen des Schmetterlings ihr Maximum zu erreichen.

Urech verfolgte bei seinen Messungen gleichzeitig auch die Stoffwechselvorgänge in der Puppe, um entscheiden zu können, inwieweit die Gewichtsabnahmen auf den Verbrauch organischer Substanz und auf die Abgabe von Wasser zu beziehen sind. Er fand, daß die Gewichtsabnahme der Puppe größtenteils einer Verdunstung wässeriger Bestandteile zuzuschreiben ist. Zu einem ähnlichen Ergebnisse kamen Luciani und Tarulli[1], die feststellen konnten, daß eine Periode der rascheren Gewichtsabnahme von einer solchen des langsameren allmählichen Absinkens zu unterscheiden ist. Sie schrieben diese Abnahme des Körpergewichtes größtenteils dem Wasserverlust zu, den die Puppe erleidet. Gleichzeitig zeigte sich, daß neben den Puppen, deren Ruheperiode von normaler Dauer war, solche vorkamen, die verfrüht oder verspätet ausschlüpften, diese letzteren unterschieden sich von vormalen Puppen durch geringere Körpergröße und geringeres Gewicht.

Weitere Angaben über das Verhalten des Körpergewichtes während der Puppenruhe enthalten die Untersuchungen von Kellner[2], Farkas[3],

---

[1] Luciani et Tarulli, Poids des cocons du Bombyx mori du commencement de leur tissage à la naissance des papillons. *Atti d. R. Ac. dei Georgofili.* Vol. XVIII. Fasc. 2. Résumé dans: *Arch. Biol. ital.* 1895. T. XXIV. p. 237.

[2] O. Kellner, Chemische Untersuchungen über die Entwicklung und Ernährung des Seidenspinners Bombyx mori. *Landwirtsch. Versuchsanstalt.* Bd. XXX. S. 59. Bd. XXXIII. S. 381.

[3] R. Farkas, Beiträge zur Energetik der Ontogenese. Pflügers *Archiv.* 1903. Bd. XCVIII. S. 525.

Dubois und Couvreur[1] und ganz besonders die von Vaney und Maignon.[2]

Ganz anders wie unter normalen Bedingungen verhalten sich die Schmetterlingspuppen, die in einer an Kohlensäure reichen Atmosphäre gehalten werden, und die gleichzeitig in der Lage sind, Wasser aufzunehmen: Statt einer Gewichtsabnahme beobachten wir unter solchen Umständen ein fortgesetztes Schwererwerden der Puppen.

Es liegen mir jetzt im ganzen fünf Reihen eigener Versuche vor und außerdem die Versuchsresultate Dr. von Brückes, und alle führen zu einem und demselben Resultat: daß es möglich ist, die Schmetterlingspuppen durch Kohlensäure- und Wasseraufnahme in der Veränderung ihres Körpergewichtes wesentlich zu beeinflussen, daß es möglich ist, da die Puppen die Bestandteile der Kohlensäure und des Wassers auch assimilieren, sie auf diese Weise zu mästen.

Aus der folgenden Zusammenstellung (S. 100 bis 106) sind die Gewichtsveränderungen zu ersehen, die die Schmetterlingspuppen in den verschiedenen Versuchsjahren und unter den verschiedenen Versuchsbedingungen erlitten haben. Die Anordnung der Experimente war dabei die folgende:

I. Versuche in CO_2-reicher Luft: Die Puppen, die vor dem Versuch, d. h. jedesmal vor Einfüllung des Gases in das Gefäß mit Wasser benetzt wurden, befanden sich in einem luftdicht verschließbaren Gefäß, daß bei Beginn der Versuche atmosphärische Luft enthielt und in das dann die gewünschte Menge von Kohlensäure eingeleitet wurde. Die Versuchsanordnung war dieselbe wie bei den Respirationsversuchen und ist dort beschrieben (S. 23).

v. Brücke wählte sich zu seinen Versuchen in CO_2-reicher Luft einen Exsikkator als Puppenbehälter. Nachdem der gut gefettete Deckel des Exsikkators aufgesetzt und fest angepreßt war, verband er die Tubulatur des Deckels mittels Gasschläuchen mit dem oberen Hahnenansatz einer Gasbürette, die zuvor mit gewaschener CO_2 aus einem Kippschen Apparat gefüllt worden war. Der unten gleichfalls mit einem Hahn versehene Ansatz der Gasbürette wurde dann mittels eines zweiten Gummischlauches mit einem Niveaugefäß mit Quecksilberfüllung verbunden. Nach Öffnung

[1] R. Dubois et E. Couvreur, Etudes sur le ver à soie pendant la période nymphale. *Soc. Linnéenne de Lyon.* 10 Jun. 1901. p. 1—7.

[2] Vaney et Maignon, *Contribution à l'étude physiologique des metamorphoses du ver à soie.* A. Rey, Lyon 1906.

aller Hähne wurde die Kohlensäure durch Heben des Niveaugefäßes in den Exsikkator übergetrieben. Mehrmaliges Hin- und Hertreiben des Luftkohlensäuregemisches zwischen Exsikkator und Gasbürette bewirkte, wie durch Probeanalysen festgestellt wurde, eine vollkommene Durchmischung. Zum Schluß wurde der Exsikkator geschlossen, der Schlauch von dem Ansatzrohr abgenommen und durch kurzes Öffnen des Hahnes das Gasgemisch, das vorher im Exsikkator unter Überdruck stand, auf den Atmosphärendruck gebracht.[1]

Sowohl in meinen Experimenten, wie auch in dem v. Brückeschen Versuch wurde das Gasgemisch täglich erneuert und die Puppen täglich mit Wasser benetzt. v. Brücke experimentierte außerdem mit einer Puppenserie, die sich in demselben Raum mit den feucht gehaltenen CO_2-Puppen befand, die aber nicht benetzt wurde.

Der Gehalt des Luftkohlensäuregemisches an Kohlensäure war verschieden groß. In meinen ersten Versuchen schwankte der Kohlensäuregehalt erheblich, ich verwendete Mischungen, die zwischen 9 bis 34 Prozent Kohlensäure enthielten. Am häufigsten wurde mit Mischungen experimentiert, in denen 12 bis 16 Prozent CO_2 enthalten war. Bei meinen Experimenten vom Jahre 1906/7 verwendete ich mit wenig Ausnahmen Luftgemische mit 11 Prozent Kohlensäuregehalt, ebenso in den Experimenten vom folgenden Jahr.

Das in dem v. Brückeschen Versuch gebrauchte Gemisch enthielt 12 Prozent Kohlensäure.

II. Versuche in atmosphärischer Luft: Die Versuche, bei denen ich die Puppen in atmosphärischer Luft halten wollte, waren so angeordnet, daß die Puppenbehälter ventiliert waren. In dem ersten Experiment vom Jahr 1904/5 hatte ich die Segelfalterpuppen in einem mit Moos belegten Kasten liegen, das Moos wurde von Zeit zu Zeit angefeuchtet. In den späteren Versuchen verbrachte ich die Puppen in einen gleichen Behälter wie die Kohlensäurepuppen, ließ aber die beiden Hähne desselben offen, um einen steten Luftwechsel zu ermöglichen, außerdem suchte ich eine möglichst vollständige Ventilation auch dadurch zu erreichen, daß ich das Gefäß tagsüber öfters mit der einen Öffnung nach unten kehrte, so daß die am Boden liegende schwerere Kohlensäure abfließen konnte. Die Puppen wurden bei diesen Versuchen täglich angefeuchtet, so daß die Feuchtigkeitsverhältnisse dieselben waren wie bei den Kohlensäurepuppen.

III. Versuche in atmosphärischer Luft, aber bei geschlossenem Puppenbehälter: Im ersten Versuchsjahr habe ich außer dem

---

[1] Vgl. v. Brücke, Über die angebliche Mästung von Schmetterlingspuppen mit Kohlensäure. *Archiv für Anatomie und Physiologie.* 1908. Physiol. Abtlg. S. 437.

Versuch in atmosphärischer Luft bei offenstehendem Gefäß auch einen solchen gemacht, bei dem sich die Puppen in einem abgeschlossenen Gefäß befanden. In diesem Gefäß mußte sich im Laufe des Experimentes die Atmungskohlensäure ansammeln, so daß den Puppen, auch wenn die von ihnen zu einer Zeit ausgeschiedene Kohlensäure zur andern wieder resorbiert wurde, jedenfalls im Verlauf des Experimentes ein geringer Kohlensäuregehalt zur Verfügung stand. Die in dem abgeschlossenen Behälter gehaltenen Puppen wurden wie die in den oben beschriebenen Versuchen täglich angefeuchtet.

Auch v. Brücke hat diesem Experiment entsprechende Versuche in abgeschlossenen Behältern gemacht, sie aber als Versuche in atmosphärischer Luft bezeichnet. Er wählte als Puppenbehälter ein großes mit einem eingeschliffenen Deckel versehenes Präparatenglas und verbrachte in dasselbe zwei Puppenserien, von denen die eine angefeuchtet, die andere trocken gehalten wurde. Während die angefeuchtete Serie unter denselben Bedingungen sich befand, wie die in verschlossenem Gefäß gehaltenen Puppen aus meinen Versuchen, hatte v. Brücke in den im gleichen Behälter untergebrachten, aber trocken gehaltenen Puppen eine neue Versuchsanordnung eingeführt, die, wie wir sehen werden, auch wesentlich andere Resultate ergab.[1]

IV. Im Versuchsjahre 1905/6 machte ich außer den Versuchen in kohlensäurereicher und atmosphärischer Luft auch noch Experimente, in denen ich die Puppen in einem Raum liegen hatte, in dem eine mit Kalilauge gefüllte Kochschale aufgestellt war. Die Puppen befanden sich auf einem Drahtnetz, das über dieser Schale ausgespannt war. Ich hatte diese Versuchsanordnung in der Absicht gewählt, um die Puppen in einem von Kohlensäure befreiten Raum zu erziehen, und ich rechnete damit, daß die bei der Atmung ausgegebene schwerere Kohlensäure nach unten sinke und von der Kalilauge absorbiert würde. Da die Kalilauge aber auch sehr stark wasserentziehend auf die Puppen einwirkte, so suchte ich eine zu lang andauernde Wasserentziehung dadurch zu verhindern, daß ich die Puppen vom dritten Versuchstage an regelmäßig mit Wasser bespritzte und in dem Puppenraum auch noch außerdem eine Schale mit Wasser aufstellte.

V. Die Versuche mit dem Buchenkahnspinner wurden dadurch variiert, daß ich die in atmosphärischer Luft gehaltenen Serien zum Teil im Licht, zum andern Teil im Dunkeln hielt. Die Versuchsergebnisse waren, wie wir sehen werden, dadurch verschieden.

[1] Vgl. v. Brücke, a. a. O. S. 436.

Zusammenstellung der Versuchsergebnisse.

A. Versuche von 1904—1905.

I. In CO_2 reicher Luft	II. In atmosphärischer Luft	III. In geschlossenem Behälter mit atmosphärischer Luft und Atmungskohlensäure.
täglich benetzt:	täglich benetzt:	täglich benetzt:
	Segelfalter:	
Zunahme:	Abnahme:	Zunahme:
19. XII.—23. I. = + 1·7 %	= — 9.0 %	= + 0·4 %
19. XII.—14. III. = + 22 %	19. XII.—2. II. = — 11 %	19. XII.—14. III. = + 5 %
19. XII.—19. III. = + 24 %	= — 6·3 %	

Wolfsmilchschwärmer: 26. I.—4. III. = + 7·6 %

B. Versuche von 1905—1906.

Segelfalter:		In CO_2- und anfangs wasserfreier Luft:
I. Zunahme:	II. Abnahme:	III. Abnahme:
10. I.— 8. III. = + 5·4 %		17. I.—3. III. = — 26 %
17. I.—23. III. = + 5 %	17. I.—13. III. = — 10 %	
Buchenkahnspinner:	In atmosphärischer Luft im Dunkeln:	
I. Zunahme:	II. Abnahme:	III. Abnahme:
20. I.— 8. II. = + 2·3 %	= — 1·7 %	= — 10 %
20. I.—19. II. = + 5·0 %	= — 7 %	
20. I.—13. III. = + 12·0 %		

C. Versuch von 1906—1907.

Segelfalter:

I. Zunahme:	II. Abnahme:
21. I.—16. III. = + 2·5 %	= — 13·4 %
21. I.—25. III. = + 6·4 %	21. I.—18. III. = — 14·6 %

D. V. Brückes Versuche von 1907—1908.

Segelfalter:

	In geschlossenem Behälter Atmosphärische Luft + Atmungskohlensäure nicht befeuchtet:	In geschlossenem Behälter Atmosphärische Luft + Atmungskohlensäure täglich benetzt:	In CO_2-reicher Luft nicht befeuchtet:
I. Zunahme:	II. Abnahme:	III. Zunahme:	IV. Abnahme:
30. I.—17. III. = + 1·8 %	= — 3.2 %	= + 0·84 %	= — 2·6 %

A I. Versuche in kohlensäurereicher Luft, 1904/5.
Segelfalter (Papilio podalirius).

Datum	Zahl	Gewicht: gefundenes	Gewicht: der ursprünglichen Zahl	Zeit Tage	Zunahme: des Anfangsgewichtes in %	Zunahme: von Wiegetag zu Wiegetag in %	Zunahme: täglich in %
19. XII. 04	13	10·585	10·585				
30. XII. 04		10·646	10·646	11	0·57	0·57	0·05
11. I. 05		10·692	10·692	22	1·01	0·43	0·04
21. I. 05		10·731	10·731	32	1·38	0·36	0·036
2. II. 05		10·956	10·956	44	3·51	2·09	0·17
12. II. 05		11·183	11·183	54	5·65	2·07	0·20
22. II. 05		11·824	11·824	64	11·98	6·29	0·63
4. III. 05		12·345	12·345	74	16·64	4·4	0·44
14. III. 05		12·869	12·869	84	21·59	4·2	0·42
19. III. 05		13·084	13·084	89	23·62	1·68	0·33
25. III. 05		12·880	12·880	95	21·69	— 1·56	— 0·26

Zunahme: 2·295 grm in 95 Tag. 21·69 %.
Zunahme in 100 Tagen 2·4 grm in Prozenten des Anfangsgewichtes: 23 %.

A' I. Versuche in kohlensäurereicher Luft, 1904/05.
Wolfsmilchschwärmer (Sphinx euphorbiae).

Datum	Zahl	Gewicht: gefunden	Gewicht: der ursprünglich. Zahl	Zeit Tage	Zunahme in Prozenten: des Anfangsgewichtes	Zunahme in Prozenten: von Wiegetag zu Wiegetag	Zunahme in Prozenten: täglich
26. I. 05	16	25·62	25·62				
29. I. 05		25·63	25·63	3	0·351	0·35	0·11
2. II. 05		27·22	27·22	7	6·23	5·99	1·5
12. II. 05		27·35	27·35	17	6·56	0·31	0·03
18. II. 05		27·39	27·39	23	6·78	0.17	0·03
27. II. 05		27·52	27·52	32	7·44	0·61	0·07
4. III. 05		27·59	27·59	37	7·68	0·26	0·05

Zunahme: 1·97 grm in 37 Tagen = 7·68 %; in 100 Tagen 5·3 grm = 20·8 % des Anfangsgewichtes.

A' II. Versuche in atmosphärischer Luft.

Datum	Zahl	Gewicht: gefunden	Gewicht: der ursprünglich. Zahl	Zeit Tage	Abnahme in Prozenten: des Anfangsgewichtes	Abnahme in Prozenten: von Wiegetag zu Wiegetag	Abnahme in Prozenten: täglich
26. I. 05	14	22·857	22.86				
29. I. 05		22·668	22·66	3			
2. II. 05		22·21	22·21	7	2·87	0·87	0·21
12. II. 05		22·36	22·36	17	2·18	1·32	0·13
18. II. 05		22·18	22·18	23	2·98	0·82	0·13
27. II. 05		20·04	21·50	32	5·93	3·05	0·34
4. III. 05		19·95	21·41	37	6·32	0·41	0·08

Abnahme: 1·45 grm in 32 Tagen = 6·32 %; in 100 Tagen 4·5 grm = 20 % des Anfangsgewichtes.

AII. Versuche in atmosphärischer Luft, 1904/5.

Segelfalter (Papilio podalirius).

Datum	Zahl	Gewicht	Zeit Tage	1 Puppe	Abnahme: des Anfangsgewichtes in %	Abnahme: von Wiegetag zu Wiegetag in %	Abnahme: täglich
19. XII. 04	12	10·2316		0·862			
30. XII. 04		10·0118	11	0·834	2·2	2·20	0·20
11. I. 05		9·763	22	0·813	4·5	2.50	0·22
21. I. 05		9·347	32	0·779	8·6	4·20	0·42
2. II. 05		9·155	44	0·762	10·7	2·05	0·17

Abnahme: 1·076 grm in 44 Tagen = 10·7 %; in 100 Tagen 2·44 grm = 24·3 % im Anfangsgewicht.

AIII. Versuche in kohlensäurearmer Luft, in geschlossenem Behälter.

Segelfalter (Papilio podalirius).

Datum	Zahl	Gewicht	Zeit Tage	Zunahme: des Anfangsgewichtes in %	Zunahme: von Wiegetag zu Wiegetag	Zunahme: Prozentuale Zunahme täglich
24. XII. 04	14	11·650				
30. XII. 04		11·684	6	0·30	0·30	0·05
11. I. 05		11·690	18	0·35	0·05	0·005
21. I, 05		11·701	28	0·44	0·09	0·009
2. II. 05		11·825	40	1·50	1·10	0·09
12. II. 05		12·082	50	3·70	2·18	0·218
22. II. 05		12·246	60	5·11	1·35	0·135
4. III. 05		12·283	70	5·43	0·30'	0·03
14. III. 05		12·225	80	4·93	0·47	0·04

Zunahme: 0·570 in 70 Tagen = 4·93 %; in 100 Tagen 0·81 grm = 7 % des Anfangsgewichtes.

B I. Versuche in kohlensäurereicher Luft.

Datum	Zahl	Gewicht gefundenes	Gewicht der ursprünglich. Zahl	Gewicht einer Puppe	Zeit Tage	Zunahme in Prozenten des Anfangsgewichtes	Zunahme in Prozenten von Wiegetag zu Wiegetag	Zunahme in Prozenten täglich
10. I. 06	43	33·854	33·854	0·787				
17. I. 06	43	33·612	33·612	0·781	7	−0·7	−0·7	−0·1
20. I. 06	43	33·673	33·673	0·783	10	+0·18	+0·18	0·06
5. II. 06	43	33·816	33·816	0·786	26	0·61	0·42	0·02
16. II. 06	43	33·93	33·93	0·789	37	0·95	0·34	0·04
26. II. 06	43	34·37	34·37	0·799	47	2·25	1·29	0·13
8. III. 06	35	28·844	35·479	0·825	57	5·40	3·22	0·32
16. III. 06	28	22·902	35·165	0·827	65	4·62	−0·88	−0·11
23. III. 06	30	24·66	35·34	0·822	72	5·14	0·50	0·07

Zunahme der 43 Puppen: 1·73grm, 1 Puppe: 0·042grm in 72—7 Tagen = 5·14 %; in 100 Tagen 2·6grm = 8 % des Anfangsgewichtes.

B II. Versuche in atmosphärischer Luft, 1905/06.
Segelfalter (Papilio podalirius).

Datum	Zahl	Gewicht gefundenes	Gewicht der ursprünglich. Zahl	Gewicht einer Puppe	Zeit Tage	Abnahme in Prozenten des Anfangsgewichtes	Abnahme in Prozenten von Wiegetag zu Wiegetag	Abnahme in Prozenten täglich
10. I. 06	43	32·036	32·036	0·745				
19. I. 06	43	31·987	31·987	0·7438	9	0·15	0·15	0·01
26. I. 06	43	31·851	31·851	0·7407	16	0.57	0·43	0·06
5. II. 06	43	31·779	31·779	0·7389	26	0·80	0·30	0·03
16. II. 06	43	31·309	31·309	0·7282	37	2·26	1·47	0·16
26. II. 06	43	30·982	31·982	0·7205	47	3·29	1·04	0·10
8. III. 06	20	14·699	31·600	0·7350	57	1·36	+1·99	+0·19
13. III. 06	16	10·691	28·728	0·6681	62	10·32	9·00	1·80

Abnahme der 43 Puppen: 3·3grm, 1 Puppe: 0·076grm in 62 Tagen = 10·32 %; in 100 Tagen 5·3grm = 16·6 % des Anfangsgewichtes.

B III. Versuche in kohlensäurefreier Luft, 1905/06.

Datum	Zahl	Gewicht gefundenes	Gewicht der ursprünglich. Zahl	Gewicht einer Puppe	Zeit Tage	Abnahme in Prozenten des Anfangsgewichtes	Abnahme in Prozenten von Wiegetag zu Wiegetag	Abnahme in Prozenten täglich
15. I. 06	16	14·266	14·266	0·891				
19. I. 06	16	11·222	11·222	0·701	4	21·34	21·34	5·26
26. I. 06	16	11·177	11·177	0·698	11	21·65	0·40	0·06
5. II. 06	16	11·092	11·092	0·693	21	22·12	0·76	0·08
16. II. 06	16	10·946	10·946	0·683	32	23·27	1·48	0·16
26. II. 06	16	10·68	10·68	0·667	42	25·14	2·37	0·24
28. II. 06	16	10·61	10·61	0·663	44	25·64	0·65	0·05
3. III. 06	16	10·598	10·598	0·662	47	25·72	0·11	0·03

Abnahme der 16 Puppen: 3·668grm, 1 Puppe: 0·229grm in 47 Tagen = 25·72 %; in 100 Tagen 8grm = 55 % des Anfangsgewichtes.

B′ I. Versuche in kohlensäurereicher Luft.

Hylophila prasinana.

Datum	Zahl	Gewicht			Zeit Tage	Zunahme in Prozenten		
		gefundenes	der ursprünglich. Zahl	einer Puppe		des Anfangsgewichtes	von Wiegetag zu Wiegetag	täglich
26. I. 06	27	6·614	6·614	0·241				
29. I.	„	6·668	6·669	0·247	9	0·82	0·82	0·09
8. II.	„	6·769	6·769	0·251	19	2·34	1·50	0·15
19. II.	„	6·945	6·945	0·257	30	5·00	2·63	0·24
26. II.	26	6·898	7·163	0·265	37	8·30	3·11	0·44
5. III.	„	7·056	7·327	0·271	44	10·78	2·30	0·33
13. III.	„	7·119	7·392	0·278	52	10·78	0·88	0·11

Zunahme: 0·778 grm, 1 Puppe: 0·033 grm in 52 Tagen = 11·78 %; in 100 Tagen 1·5 grm = 22·6 % des Anfangsgewichtes.

B′ II. Versuche in atmosphärischer Luft, 1905/06.

Die Puppen von Hylophila prasinana waren dem Licht ausgesetzt.

Datum	Zahl	gefundenes	der ursprünglich. Zahl	einer Puppe	Zeit Tage	Abnahme in Prozenten		
20. I. 06	29	7·164	7·164	0·248				
29. I.	„	7·100	7·100	0·247	9	0·89	0·89	0·09
8. II.	„	7·043	7·043	0·243	19	1·68	0·78	0·08
19. II.	„	6·659	6·659	0·230	30	7·04	5·43	0·50

Abnahme: 0·505 grm, 1 Puppe: 0·018 grm in 30 Tagen = 7·05 %; in 100 Tagen 1·6 grm = 23·5 % des Anfangsgewichtes.

B′ III. Die Puppen von Hylophila prasinana waren im Dunkeln gehalten.

Datum	Zahl	gefundenes	der ursprünglich. Zahl	einer Puppe	Zeit Tage	Abnahme in Prozenten		
20. I. 06	28	5·507	5·507	0·196				
29. I.	„	5·254	5·254	0·188	9	4·58	4·58	0·50
8. II.	„	4·952	4·952	0·177	19	10·10	5·70	0·57

Abnahme: 0·555 grm, 1 Puppe: 0·020 grm in 19 Tagen = 10·10 %; in 100 Tagen 3 grm = 53 % des Anfangsgewichtes.

C I. Versuche in kohlensäurereicher Luft, 1906/07.

Datum	Zahl	Gewicht			Zeit Tage	Zunahme in Prozenten		
		gefundenes	der ursprünglich. Zahl	einer Puppe		des Anfangsgewichtes	von Wiegetag zu Wiegetag	täglich
21. I. 07	140	124·097	124·097	0·886				
26. I.	140	124·193	124·193	0·8866	5	0·08	0·08	0·01
31. I.	140	124·384	124·384	0·8884	10	0·23	0·15	0·03
5. II.	140	124·692	124·692	0·8906	15	0·48	0·25	0·05
9. II.	140	124·821	124·821	0·8915	19	0·58	0·10	0·02
15. II.	139	124·543	125·44	0·8959	25	1·08	0·50	0·08
20. II.	139	124·900	125·80	0·8985	30	1·38	0·29	0·05
25. II.	139	124·852	125·75	0·8982	35	1·33	—0·04	—0·008
2. III.	139	125·459	126·36	0·9026	40	1·82	0·49	0·09
7. III.	139	125·94	126·83	0·9060	45	2·20	0·37	0·07
10. III.	139	126·164	127·07	0·9076	48	2·40	0·19	0·06
16. III.	138	125·399	127·22	0·9086	54	2·52	0·12	0·02
20. III.	117	100·979	132·43	0·9437	58	6·72	4·10	1·02
25. III.	117	100·963	132·100	0·9435	63	6·45	—0·25	—0·05

Zunahme der 140 Puppen: 8·003 grm, 1 Puppe: 0·0575 grm in 63 Tagen = 6·44 %; in 100 Tagen 12·7 grm = 10·4 % des Anfangsgewichtes.

C II. Versuche in atmosphärischer Luft, 1906/07.

Segelfalter (Papilio podalirius).

						Abnahme in Prozenten		
21. I. 07	140	124·525	124·525	0·889				
26. I.	140	123·611	123·611	0·882	5	0·73	0·73	0·14
31. I.	140	122·792	122·792	0·877	10	1·39	0·66	0·13
5. II.	140	122·199	122·199	0·872	15	1·86	0·48	0·09
9. II.	140	121·050	121·050	0·864	19	2·79	0·94	0·27
15. II.	140	119·436	119·436	0·852	25	4·08	1·33	0·22
20. II.	140	117·703	117·703	0·840	30	5·47	1·48	0·29
25. II.	139	116·151	117·040	0·836	35	6·01	0·56	0·11
2. III.	139	114·772	115·50	0·825	40	7·25	1·23	0·24
7. III.	139	109·801	110·46	0·789	45	11·29	4·30	0·86
10. III.	131	104·239	111·30	0·795	48	10·62	+0·76	+0·25
16. III.	129	99·340	107·80	0·770	54	13·43	3·14	0·52
18. III.	118	89·609	106·26	0·759	63	14·67	1·42	0·15

Abnahme der 140 Puppen: 18·265 grm, 1 Puppe: 0·130 grm in 63 Tagen = 14·67 %; in 100 Tagen 29 grm = 23·3 % des Anfangsgewichtes.

v. Brückes Versuche in kohlensäurereicher Luft, 1907/08.

D I. Die Segelfalterpuppen wurden angefeuchtet (CO_2 n-Serie).

Datum	Zahl	Gewicht	1 Puppe	Zeit, Tage	Prozentische Zunahme des Anfangsgewichts	In den einzelnen Zeiträumen Von Wiegetag zu Wiegetag	täglich
21. I.	42	35·776	0·8517				
31. I.	„	35·861	0·8538	10	0·24	0·24	0·024
10. II.	„	36·054	0·8584	20	0·77	0·52	0·052
20. II.	„	36·194	0·8617	30	1·17	0·39	0·039
28. II.	„	36·269	0·8636	38	1·38	0·21	0·026
9. III.	„	36·329	0·8650	48	1·55	0·17	0·017
17. III.	„	36·404	0·8667	56	1·76	0·21	0·026
19. III.	„	36·416	0·8671	58	1·79	0·033	0·016

Zunahme: 0·64 grm, in 58 Tagen: 1·79 %.
Zunahme in 100 Tagen 1·1 grm = 3 % des Anfangsgewichtes.

D II. Die Segelfalterpuppen wurden **nicht** angefeuchtet (Lt-Serie)

					Abnahme in Prozenten		
30. I.	50	38·687	0·7736				
10. II.	„	38·634	0·7726	11	0·137	0·133	0·01
21. II.	„	38·541	0·7690	22	0·377	0·241	0·02
29. II.	„	38·293	0·7658	30	1·018	0·644	0·08
10. III.	„	37·844	0·7568	40	2·180	1·173	0·12
16. III.	„	37·458	0·7490	46	3·177	1·020	0·17

Abnahme: 1·229 grm, in 46 Tagen: 3·177 %.
Abnahme in 100 Tagen 3 grm = 6·9 % des Anfangsgewichtes.

D III. Die Segelfalter wurden **angefeuchtet** (Ln-Serie).

					Zunahme in Prozenten		
30. I.	41	33·2921	0·8120				
10. II.	„	33·4657	0·8161	11	0·512	0·512	0·04
21. II.	„	33·5607	0·8186	22	0·810	0·284	0·02
29. II.	„	33·5382	0·8180	30	0·739	+ 0·067	— 0·008
10. III.	„	33·5381	0·8180	40	0·739	0·000	0·000
16. III.	„	33·5700	0·8187	46	0·835	0·095	0·016

Zunahme: 0·2779 grm, in 46 Tagen: 0·835 %.
Zunahme in 100 Tagen 0·6 grm = 1·8 % des Anfangsgewichtes.

DIV. Die Segelfalterpuppen wurden nicht angefeuchtet (CO_2 t-Serie).

Datum	Zahl	Gewicht	1 Puppe	Zeit, Tage	Prozentische Abnahme des Anfangsgewichts	In den einzelnen Zeiträumen	
						Von Wiegetag zu Wiegetag	täglich
21. I.	39	34·822	0·8928				
31. I.	„	34·790	0·8916	10	0·149	0·149	0·0149
10. II.	„	34·696	0·8895	20	0·362	0·213	0·0213
20. II.	„	34·583	0·8867	30	0·686	0·326	0·0326
28. II.	„	34·453	0·8834	38	1·060	0·376	0·047
9. III.	„	34·226	0·8775	48	1·722	0·659	0·065
17. III.	„	34·935	0·8700	56	2·547	0·850	0·106
19. III.	„	33·868	0·8683	58	2·740	0·197	0·098

Abnahme: 0·954 grm, in 56 Tagen: 2·74 %.
Abnahme in 100 Tagen 1·7 grm = 5 % des Anfangsgewichtes.

Zusammenstellung der Gewichtsveränderung der Schmetterlingspuppen in Prozenten der Anfangsgewichte und auf 100 Tage Versuchsdauer berechnet.

Versuchspuppen		Kontrollpuppen
in kohlensäurereicher Luft	in kohlensäurearmer Luft	in atmosphärischer Luft
Zunahme		
AI. podalirius = 23 %	AIII. = 7 % Zunahme	AII. = 24·3 % Abn.
	in kohlensäurefreier Luft	
BI. „ = 8 %	BIII. = 55 % Abnahme	BII. = 16·6 % „
	in kohlensäurearmer Luft	
CI. „ = 10·4 %		CII. = 23·3 % „
	Puppen nicht befeuchtet	
DI. „ = 3 %	DII. = 6·9 % Abnahme	
Puppen nicht befeuchtet:	Puppen befeuchtet:	
DIV. podalirius = 5 % Abnahme	DIII. = 1·8 % Zunahme	
AI.′ euphorbiae = 20·5 % Zunahme		AII.′ = 20 % Abnahme
		im Licht:
BI. Prasinana = 22·6 % „		BII.′ = 23·5 % „
		im Dunkeln:
		BIII.′ = 53 % „

Wie die Zusammenstellung dieser Versuchsergebnisse zeigt, war der Gewichtszuwachs, den die Puppen in kohlensäurereicher Atmosphäre erfahren hatten und ebenso die Gewichtsabnahme der in atmosphärischer Luft gehaltenen Tiere verschieden groß bei einer und derselben Puppenart in den verschiedenen Jahren und bei den gleichzeitig an verschiedenen Puppenarten ausgeführten Experimenten.

Ausschlaggebend für Zu- oder Abnahme der Puppen war, wie aus den Versuchsreihen I. und II. ersichtlich ist, die Anwesenheit oder Abwesenheit von Kohlensäure in der Atemluft bei gleichzeitiger Gegenwart von Wasser. Vermehrter Kohlensäuregehalt bei Abwesenheit von Wasser hatte, wie der v. Brückesche Versuch IV mit nicht benetzten Puppen zeigt, keine Gewichtszunahme der Puppen zur Folge, wohl aber in gleicher Zeit einen um ein Drittel geringeren Gewichtsverlust als er unter gleichen Feuchtigkeitsbedingungen bei den in atmosphärischer Luft gehaltenen Versuchstieren beobachtet wurde (vgl. D II und D IV).

Die größten Zunahmen der Segelfalterpuppen wurden im ersten Versuchsjahr erzielt, in dem sich die Puppen während drei Monaten in einer Atmosphäre von wechselndem aber manchmal sehr hohem Kohlensäuregehalt befanden und wie bei allen Versuchen dieser Reihe täglich befeuchtet wurden. Der Kohlensäuregehalt schwankte in diesem Versuchsjahr, wie bereits erwähnt, zwischen 9 bis 34 Prozent, die Gewichtszunahme betrug nach drei Monaten 22 Prozent, auf 100 Tage Versuchsdauer berechnet 23 Prozent, war aber, wie auch aus den Kurven hervorgeht, am Ende des Experimentes sehr viel größer als am Anfang. Auch bei den übrigen Experimenten in CO_2-reicher Luft finden wir, daß am Schlusse des Versuches ein schnelleres Ansteigen der Kurven zu verzeichnen ist. Diese maximalen Zunahmen pflegen in dieselbe Zeit zu fallen, in der die größten Abnahmen der Luftpuppen beobachtet werden. Es ist außerdem aus den Kurven zu ersehen, daß die Größe der Gewichtszunahmen mit der Versuchsdauer wächst.

Die relativ kleinsten Zunahmen ergaben sich in meinen Versuchen bei A III, in den v. Brückeschen Versuchen bei D III. Die Puppen befanden sich in beiden Fällen in einem abgeschlossenen Gefäß, das während 24 Stunden nicht ventiliert wurde, in dem sich also die bei der Atmung produzierte Kohlensäure ansammeln konnte. Die Puppen wurden wie bei den Versuchen der Reihe I täglich benetzt. Versuch A III währte fast drei Monate, Versuch D III nur halb so lang. Auf 100 Tage Versuchsdauer berechnet, ergab sich in meinem Versuche eine Gewichtszunahme der Puppen von 7 Prozent, in dem v. Brückeschen Versuche von 1·8 Prozent.

Auch bei der Gewichtsabnahme der Schmetterlingspuppen zeigte sich der Feuchtigkeitsgehalt der Luft von sehr großem Einfluß.

In Versuch A II wurden die Puppen täglich mit Wasser benetzt, lagen aber in einem Behälter (Holzkiste), durch den das Wasser leicht verdunsten konnte, was daraus ersichtlich war, daß der Boden des Behälters am folgenden Tag immer trocken war, die Puppen hatten daher auch bereits nach dem ersten Monat über 8 Prozent ihres Körpergewichtes verloren. In dem v. Brückeschen Versuch D II befanden sich die Puppen in einem verschlossenen Glas, dessen Luft mit Wasserdampf gesättigt war, da in demselben Behälter auch die Serie des Versuches D III untergebracht war, die täglich mit Wasser besprengt wurde. Die Gewichtsabnahme der Puppen betrug nur 3 Prozent während einer Versuchsdauer von 2 Monaten. Auf 100 Tage Versuchsdauer berechnet, hätten die gut ventilierten Puppen 24 Prozent, die in feuchter Atmosphäre nur 6·9 Prozent verloren. Die Puppen verlieren während ihrer Metamorphose somit um so mehr an Gewicht, je trockener die Luft ist, in der sie sich befinden.

Die größten Verluste sind natürlich dann zu verzeichnen, wenn dafür gesorgt wird, daß die Atemluft der Puppen sowohl von Kohlensäure als von Wasser befreit wird. In Versuch B III wurde dies dadurch erreicht, daß die Puppen auf ein Drahtnetz gelegt wurden, das über einem Behälter mit Kalilauge ausgebreitet war. Die auf diese Weise gehaltenen Puppen entwickelten sich zu normalen Faltern, verloren aber in dieser Zeit, da sie in den ersten Tagen des Versuches nicht angefeuchtet worden waren, mehr als das Doppelte an Gewicht verglichen mit den in atmosphärischer Luft gehaltenen Tieren. Dazu kommt noch, daß ihre Entwicklung zehn Tage früher beendigt war, als die der Kontrollpuppen. Es liegt hier eine Beschleunigung der Entwicklung vor, wie sie im Hungerzustand beobachtet wird, eine Erscheinung, auf die ich an einer anderen Stelle zu sprechen komme.

Es ist auf den Verlauf der Gewichtskurve auch nicht ohne Einfluß, ob sich die Puppen im Licht oder in der Dunkelheit entwickeln, jedenfalls haben wir in Versuch B′ III bei den in Dunkelheit gehaltenen Puppen des Buchenkahnspinners in atmosphärischer Luft in $^2/_3$ der Zeit eine um 3 Prozent höhere Abnahme zu verzeichnen als bei den im Licht unter sonst gleichartigen Bedingungen gehaltenen Vergleichspuppen. In 100 Versuchstagen würden die im Licht gehaltenen Puppen um 24 Prozent, die im Dunkeln gehaltenen um 53 Prozent, also um mehr als das Doppelte abgenommen haben. Außerdem war auch hier zu beobachten, daß die schneller an Gewicht abnehmenden Tiere eine um 11 Tage kürzere Puppenruhe hatten, daß also ihre Entwicklung zum Falter eine beschleunigte war.

Es ist nicht uninteressant, festzustellen, in welchem Verhältnis die maximalen Zunahmen der Kohlensäurepuppen zu den maximalen Abnahmen der Luftpuppen stehen, und zu untersuchen, ob diese Beziehungen in irgend einer Abhängigkeit von den entsprechenden Versuchszeiten gebracht werden können.

Die maximalen Zunahmen geben den Zeitpunkt an, auf dem ein Schwererwerden der Versuchspuppen nicht mehr zu erzielen war, weil die Puppen auf dem Entwicklungsstadium standen, wo die Flügel sich ausfärben und der Stoffverbrauch im Puppenorganismus ein sehr großer wird und infolgedessen die respiratorischen Prozesse im Puppenkörper die assimilatorischen Vorgänge überwiegen.

Die maximale Abnahme der Kontrollpuppen war mit dem Tag erreicht, wo die ersten Puppen vor dem Ausschlüpfen standen und der Versuch abgebrochen werden mußte, um nicht an Material für die Analyse zu verlieren. Beide Zeitpunkte sind demnach nicht willkürlich gewählt, sondern entsprechen bestimmten Etappen in der Puppenentwicklung.

Das Verhältnis der maximalen Zunahmen und Abnahmen in den einzelnen Jahren war:

	Gewicht: annähernd	Zeit Tage	annähernd	auf 100 Tage
1905/06 Segelfalter	(+) 5·4 : (—) 10 = 1 : 2	57	62 = 1 : 1	8 : 16·6 = 1 : 2
1905/06 Buchenkahnsp.	(+) 12 : (—) 7 = 2 : 1	54	30 = 2 : 1	22·6 : 23·5 = 1 : 1
1906/07 Segelfalter	(+) 6·7 : (—) 14 = 1 : 2	58	63 = 1 : 1	10·4 : 23·3 = 1 : 2
1907/08 Segelfalter (von Brücke)	(+) 1·7 : (—) 3·2 = 1 : 2	56	46 = 1 : 1	3 : 6·9 = 1 : 2

Wir sehen aus dieser Zusammenstellung, daß die maximalen Ab- und Zunahmen, wenn sie in gleiche Zeiträume fallen, sich annäherungsweise verhalten wie 1 : 2, d. h. die Abnahme der in atmosphärischer Luft gehaltenen Puppen ist in gleicher Entwicklungszeit ungefähr doppelt so groß als die Zunahme der in CO_2 befindlichen Tiere. Umgekehrt finden wir, daß in einem Fall, wo Zu- und Abnahme, auf 100 Tage Versuchsdauer berechnet, gleich groß waren, die in kohlensäurereicher Luft gehaltenen Puppen die doppelte Zeit gebraucht hatten, um den Grad der Entwicklung zu erreichen, auf dem die Ausfärbung der Flügel beobachtet wird.

Ich komme nun auf die v. Brückeschen Versuche zu sprechen, aus denen sich der Anteil der Kohlensäure bei der Gewichtszunahme der CO_2-Puppen besonders gut ersehen läßt.

Wenn wir bei den v. Brückeschen Wägungen die prozentualischen Zu- und Abnahmen miteinander vergleichen, nachdem wir dieselben auf gleiche Zeiträume berechnet haben, die hier mit dem ersten und letzten Tag des Experimentes der in trockener Luft gehaltenen Puppenserie gegeben sind — es ist dies der Zeitraum vom 30. I. bis 16. bzw. 17. III. —, so finden wir folgendes: Die Zunahme der in kohlensäurereicher Luft gehaltenen Puppen ist gerade doppelt so groß als die Gewichtszunahme der unter gleichen Feuchtigkeitsbedingungen angeblich in atmosphärischer Luft gehaltenen Puppen. In Wirklichkeit hatten sich ja die Puppen in abgeschlossenem Behälter in einem die Atmungskohlensäure enthaltenden Raume befunden. Ferner ergaben die v. Brückeschen Zahlen, daß die Abnahme der in kohlensäurereicher, aber trockener

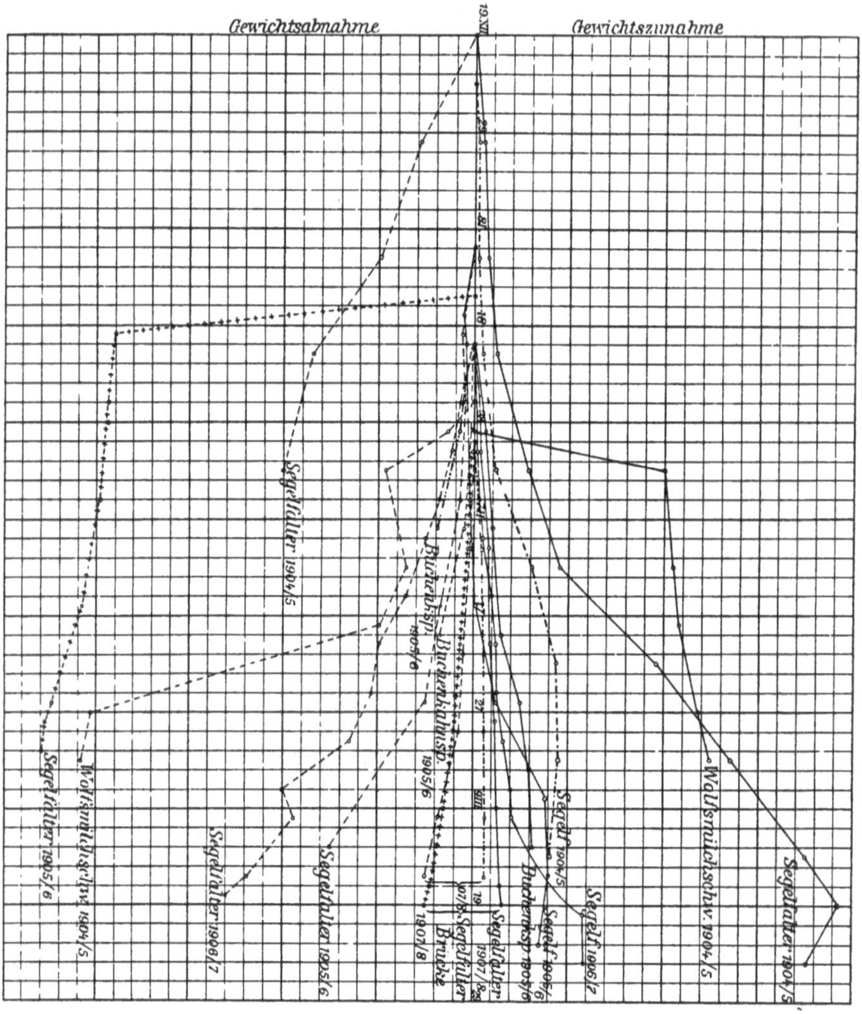

Fig. 14.

Luft gehaltenen Puppen um ein Drittel geringer war als die Abnahme der in atmosphärischer Luft trocken gehaltenen Tiere. Schon allein aus diesen Beziehungen ist zu schließen, daß der Anwesenheit von Kohlensäure ein ganz bestimmter Anteil bei der Gewichtsveränderung der Schmetterlingspuppen zugeschrieben werden muß. Aus den v. Brückeschen Versuchen läßt sich aber auch zahlenmäßig feststellen, wieviel Prozent bei der Gewichtszunahme auf Kohlensäureaufnahme entfällt.

A.

I. Zunahme der Puppen in feuchter CO_2-reicher Luft . . = 1·54 %
II. Zunahme der Puppen in feuchter CO_2-armer Luft . . = 0·84 „
Durch CO_2 bedingter Unterschied = 0·70 %

B.

III. Abnahme der Puppen in trockener CO_2-armer Luft . . = 3·27 %
IV. Abnahme der Puppen in trockener CO_2-reicher Luft . . = 2·12 „
Durch CO_2 bedingter Unterschied = 1.15 %

C.

V. Abnahme der Puppen in trockener CO_2-reicher Luft . . = 2·12 %
VI. Zunahme der Puppen in feuchter CO_2-reicher Luft . . = 1·54 „
Durch Wasser bedingter Unterschied = 3·66 %

D.

VII. Abnahme der Puppen in trockener CO_2-armer Luft . . = 3·27 %
VIII. Zunahme der Puppen in feuchter CO_2-armer Luft . . = 0·84 „
Durch Wasser bedingter Unterschied = 4·11 %

E.

IX. Zunahme der Puppen in feuchter CO_2-reicher Luft . . = 1·54 %
X. Abnahme der Puppen in trockener CO_2-armer Luft . . = 3·27 „
Durch Kohlensäure und Wasser bedingter Unterschied = 4·81 %

Aus dieser Aufstellung läßt sich folgendes schließen:

A. Wurden die beiden Puppenserien unter gleichen Feuchtigkeitsbedingungen aber bei verschiedenem Gehalt der Atemluft an Kohlensäure gehalten, so übertraf die Gewichtszunahme der in kohlensäurereicher Luft gehaltenen Puppen die in kohlensäurearmer Luft befindlichen um annähernd die Hälfte, absolut um 0·70 Prozent. Diese 0·70 Prozent Gewichtszunahme ist allein auf die Mehraufnahme von Kohlensäure durch die Puppen zurückzuführen, da für die Wasseraufnahme bei beiden Puppenserien gleiche Versuchsbedingungen bestanden hatten. Der Anteil der Kohlensäure beträgt also hier bei der Gewichtszunahme der feucht gehaltenen Puppen 0·70 Prozent oder etwas weniger als die Hälfte der Gesamtzunahme.

B. Wurden die Puppen trocken in CO_2-armer und trocken in CO_2-reicher Luft gehalten, so nahmen die letzteren um $^1/_2$ weniger an Gewicht ab als die ersteren. Der höhere Gehalt an Kohlensäure hatte demnach eine Gewichtsersparnis von 1.15 Prozent zur Folge. Der Anteil der Kohlensäure an der geringeren Gewichtsabnahme der beiden Puppenserien betrug somit 1·15 Prozent und war um 0·45 Prozent größer als der CO_2-Anteil bei der Gewichtszunahme.

Während in den Differenzen A. und B. der Anteil zum Ausdruck kommt, den die Kohlensäure an der Gewichtsveränderung der Puppen hat, sind die Versuchsbedingungen in den Zusammenstellungen C. und D. dahin geändert, daß für ein verschiedenes Verhalten der jeweils zusammengestellten Puppenserien nicht mehr der verschiedene Gehalt an Kohlensäure, sondern der verschiedene Feuchtigkeitsgrad in Frage kommt. Die Differenzen in C. und D. bringen somit hier den verschiedenen Wasseranteil bei der Veränderung des Puppengewichtes bei beiden Serien zum Ausdruck.

C. Aus C. ersehen wir, daß die naßgehaltene, in CO_2-reicher Luft befindliche Puppenserie von der trocken gehaltenen um 3·66 Prozent des Anfangsgewichtes differiert. Bei den in CO_2-armer Luft befindlichen Puppen erhöht sich dieser Unterschied auf 4·11 Prozent. In CO_2-armer Luft ist also die Gewichtsdifferenz, die durch den verschieden großen Feuchtigkeitsgrad, bzw. durch die verschieden große Möglichkeit der Puppen, Kohlensäure aufzunehmen, bedingt wird, um 0·45 Prozent größer als in CO_2-reicher Luft. Diese Differenz kommt, wie schon aus dem Vergleich der Werte von A. und B. hervorgeht, allein auf Rechnung der größeren Gewichtsabnahme der trocken gehaltenen Luftpuppen.

Der Wasseranteil an der Gewichtsveränderung ist danach bei den in kohlensäurereicher Luft befindlichen Puppen kleiner als bei den Luftpuppen.

Die extremsten Gewichtsveränderungen kommen in der Zusammenstellung der Serien IX und X zum Ausdruck. Die Kohlensäurepuppen stehen hier unter den günstigsten Bedingungen für eine Gewichtszunahme, die Luftpuppen unter den günstigsten Bedingungen für eine Gewichtsabnahme. Der Gewichtsunterschied, den beide Serien am Ende des Versuches erfahren haben, ist 4·11 Prozent, er ist also um 0·70 Prozent größer als die Gewichtsdifferenz der trocken und feucht gehaltenen Luftpuppenserien. Da diese letztere mit 4·11 Prozent dem Feuchtigkeitsanteil bei der Gewichtsveränderung der Luftpuppen entspricht, so haben wir den Rest von 0·70 Prozent als Kohlensäureanteil bei der Gewichtsveränderung der Kohlensäurepuppen anzusehen, wie er sich bereits aus der Zusammenstellung der Serien I und II ergeben hat.

Es geht somit aus den Versuchen v. Brückes mit größter Deutlichkeit hervor, daß das Schwererwerden der Schmetterlingspuppen in kohlensäurereicher Luft sowohl auf Wasseraufnahme, wie auch auf Kohlensäureaufnahme zurückzuführen ist. Aus den Versuchen läßt sich dieses Verhältnis der Kohlensäure- und Wasseraufnahme bzw. Assimilation auch berechnen. Wenn wir mit v. Brücke voraussetzen wollen, daß die Hauptzunahme der in Luft gehaltenen Puppen allein auf Wasseraufnahme zurückzuführen ist, und wenn wir weiter annehmen, daß die unter den gleichen Feuchtigkeitsbedingungen gehaltenen CO_2-Puppen ebensoviel Wasser wie die Luftpuppen aufgenommen haben, so verhält sich bei ihnen die Kohlensäurezunahme zur Wasserzunahme wie 70:84. Wasser- und Kohlensäureaufnahme sind also hier annähernd gleich groß. Da die im verschlossenen Gefäß gehaltenen Luftpuppen ebenfalls in der Lage waren, die aus ihrer Atmungstätigkeit stammenden kleinen CO_2-Mengen aufzunehmen, so ist ein Teil der Luftpuppenzunahme jedenfalls auf CO_2 zu beziehen, so daß das Verhältnis von CO_2 und Wasseraufnahme noch gleichartiger wird. Wenn wir daraus berechnen, in welchem Verhältnis der aufgenommene Kohlenstoff zu dem aufgenommenen Wasser steht, so ergibt sich: In der Kohlensäure ist:

$$\begin{array}{r} C = 12 \\ \underline{O = 32} \\ 44 \end{array}$$

In 44 Teilen Kohlensäure befinden sich also 12 Teile Kohlenstoff.
„ 70 „ „ „ „ „ 19 „ „

Auf 19 Teile Kohlenstoffaufnahme kommen 84 Teile Wasseraufnahme.
„ 1 Teil „ „ 4·4 „ „

Der aufgenommene Kohlenstoff steht somit zu dem aufgenommenen Wasser in dem Verhältnis von **1:4·4.** Die in kohlensäurereicher Luft gehaltenen Puppen haben demnach viereinhalb mal mehr Wasser bei ihrer Gewichtszunahme aufgenommen, als Kohlenstoff. Wenn wir dieses Resultat mit den Ergebnissen der Elementaranalyse vergleichen, so sehen wir, daß das Verhältnis der Kohlenstoff- und Wasserbeteiligung am Schwererwerden der Kohlensäurepuppen im von Brückeschen Versuch sehr gut mit dem übereinstimmt, das sich für die Puppen des Segelfalters aus meinen Experimenten vom Jahre 1905/6 ergeben hat, in den anderen Versuchsjahren war die Wasseraufnahme eine verhältnismäßig größere. Wir finden bei den in kohlensäurereicher Luft gehaltenen Puppen dieses Versuchsjahres eine Gewichtszunahme pro Puppe von **0·0905** grm, davon sind **0·0671** grm auf Wasseraufnahme zu beziehen. In den restlichen, dem Trockensubstanzzuwachs entsprechenden **0·0234** grm sind **0·01483** grm Kohlenstoff enthalten. Kohlenstoff- und Wasserzunahme stehen also in dem Verhältnis von **1483:6710 = 1:4·5.** Die Wasserzunahme war viereinhalb mal größer als die Kohlenstoffzunahme. Diese Übereinstimmung der Ergebnisse, die in einem Fall aus der Gewichtsveränderung der unter verschiedenen Bedingungen gehaltenen Schmetterlingspuppen abgeleitet, im anderen Falle aus der Elementaranalyse der Puppen gewonnen wurden, zeigen, daß von Brücke die glücklichste Versuchsanordnung und Variation der Bedingungen getroffen hat, um auf einfachstem Weg einen weiteren Beweis dafür zu erbringen, daß Schmetterlingspuppen, die in einer Atmosphäre von erhöhtem Kohlensäuregehalt erzogen werden, Kohlensäure in sich aufnehmen und damit ihr Körpergewicht vergrößern.

Veränderung in der Schnelligkeit der Puppenentwicklung.

Wir finden, wenn wir die verschiedenen Versuchsreihen miteinander vergleichen, ausnahmslos, daß außer dem Feuchtigkeitsgehalt auch der Kohlensäuregehalt der Atemluft die Dauer der Puppenperiode beeinflußt, und zwar derart, daß die in kohlensäurereicher Luft gehaltenen Puppen die längste Puppenruhe aufweisen. Der Versuch wurde bei den einzelnen Vergleichsserien jeweils dann abgebrochen, wenn eine Anzahl Puppen sich ausgefärbt hatte und bereit schien, ihre Puppenhüllen zu verlassen. In den Versuchen B, B I und C übertraf die Puppenruhe der Kohlensäurepuppen die der Kontrollpuppen um 10 bzw. 22 und 7 Tage. Der Versuch A I—A II hat nach dieser Richtung kein Resultat ergeben, weil die Kontrollpuppen bereits im Januar von Mäusen aufgefressen wurden und nicht zur vollen Entfaltung gekommen waren. Gegenüber den in Atmungskohlensäure gehaltenen Puppen hatten die in kohlensäurereicherer Luft eine Entwicklungsverlängerung von 25 Tagen. Der Versuch v. Brückes kann hier nicht herangezogen werden, weil v. Brücke die Puppen, noch ehe sie sich ausgefärbt hatten, unter andere Versuchsbedingungen verbrachte.

Wenn wir die erhaltenen Resultate zusammenstellen, so ergibt sich die folgende Übersicht über die die Puppenentwicklung verlangsamenden Faktoren:

BI. = 72 Tage	BI.′ = 52 Tage	CI. = 63 Tage	= Versuchsserien in über 6 % CO_2 haltiger feuchter Luft.
BII. = 62 „	BII.′ = 30 „	CII. = 48 „	= Kontrollserie in atmosphärischer Luft bei langsamer Ventilation.
10 Tage	22 Tage	15 Tage	= Entwicklungsverlängerung der Versuchspuppen in CO_2-reicher Luft.

AI.	= 95 Tage =	Versuchsserie in kohlensäurereicher Luft
AIII.	= 70 „ =	Kontrollserie in Atmungskohlensäure
	25 Tage =	Entwicklungsverlängerung der Versuchspuppen.
BII.	= 62 Tage =	Kontrollpuppen in atmosphärischer Luft bei schwacher Ventilation
BIII.	= 47 „ =	Versuchspuppen in CO_2 freier Luft bei anfänglicher Wasserentziehung
	15 Tage =	Entwicklungsverlängerung der Kontrollpuppen bei wenig CO_2.
BII.′	= 30 Tage =	Kontrollserie in atmosphärischer Luft im Licht, schwache Ventilation
BIII.′	= 19 „ =	Versuchsserie in atmosphärischer Luft im Dunkeln
	11 Tage =	Entwicklungsverlängerung im Licht gehaltener Puppen.

Die Puppenruhe verlängernd wirken somit: Anwesenheit von Kohlensäure in der Atemluft, Feuchtigkeit und Belichtung. Beschleunigt wurde die Puppenruhe umgekehrt in kohlensäurefreier Luft, wenn also auch die durch die Puppenatmung entstehende Kohlensäure entfernt wurde, ferner in trockener Atmosphäre und im Dunkeln. Es sind also hier dieselben Faktoren: Kohlensäure, Wasser und Licht, die auf die Dauer des Puppenzustandes und das Puppengewicht Einfluß haben, die auch bei der Pflanze die Assimilation des Kohlenstoffes bedingen und eine Gewichtszunahme in destilliertem Wasser stehender, von der Wurzel aus somit nicht ernährter Pflanzen zur Folge haben. Wenn es nun die Gegenwart der Kohlensäure wäre, die den entwicklungsverlangsamenden Einfluß ausüben würde, so könnte man denken, worauf ich schon früher hingewiesen habe, daß die Kohlensäure lähmend auf die Lebenstätigkeit des Plasmas einwirke, daß sie die Stoffwechselvorgänge verlangsame und dadurch den Stoffverbrauch vermindere. Es ließe sich dann dadurch auch erklären, daß Schmetterlingspuppen, die in einer kohlensäurereichen Atmosphäre gehalten werden, weniger an Gewicht abnehmen, als Puppen, die sich in atmosphärischer Luft befinden. v. Brücke will auch die Tatsache, daß die in kohlensäurereicher Luft gewesenen Puppen einen höheren Gehalt an organischem Material aufweisen als die Kontrollpuppen, auf den geringeren Substanzverbrauch der sich langsamer entwickelnden Kohlensäurepuppen zurückführen, er läßt allerdings dabei außer acht, daß bei der Elementaranalyse der Puppen des Versuches A Luftpuppen zum Vergleich herangezogen worden sind, die bei Kellertemperatur überwintert hatten und vor der Analyse nur während acht Tagen in Zimmertemperatur gehalten worden waren. Diese Puppen konnten, da sie bei Kellertemperatur erfahrungsgemäß in ihrer Entwicklung stehen bleiben, keinenfalls weiter vorangeschritten sein, als die seit Dezember im warmen Zimmer befindlichen Kohlensäurepuppen, und waren es auch nicht, wie ich für die Entwicklung ihrer Schuppen und Flügelmembranen festgestellt habe.

Wir werden auch aus den folgenden Ausführungen ersehen, daß es sehr viel besser den wirklichen Verhältnissen entspricht, wenn wir den die Entwicklung verzögernden Einfluß, den Kohlensäure, Wasser und Licht bewirken, durch die Annahme erklären, daß die unter den angeführten Bedingungen gehaltenen Puppen mit längerer Puppenruhe in der Lage waren, sich in einem besseren Ernährungszustand zu erhalten als die anderen, deren Falter früher schlüpften. Sie hatten das Material, um eine längere Puppenruhe aushalten zu können. Unter natürlichen Verhältnissen, d. h. in freier Natur schlüpfen die Puppen des Segelfalters in den Monaten Mai und Juni, die natürliche Entwicklungsdauer der Puppen dieses Schmetterlings ist daher eine sehr viel längere als die unserer Kontrollpuppen, bei denen sich die entwicklungsbeschleunigende Wirkung der Zimmertemperatur geltend macht. Im warmen Zimmer spielen sich die Lebensprozesse schneller ab, die Reservestoffe werden schneller aufgebraucht und die Puppen müssen sich entweder früher in den Falter verwandeln, oder verhungern. Sind nun die Puppen in der Lage diesen beschleunigteren Abbau ihrer Reservestoffe durch einen Aufbau, d. h. eine Anlagerung organischer Substanz zu kompensieren, so werden sie auch ihre Puppenruhe ausdehnen und den natürlichen Termin ihrer Verwandlung eher einhalten können. In dieser Lage befinden sich aber diejenigen Puppen, denen Wasser und Kohlensäure geboten wird. Die durch die Assimilation besser ernährten Puppen haben naturgemäß eine längere Puppenruhe als die unter schlechteren Ernährungsbedingungungen gehaltenen Kontrollen.

Wenn wir die längere Puppenruhe durch einen besseren Ernährungszustand erklären, so wäre es doch wichtig, festzustellen, ob in den Ergebnissen der experimentellen Forschung Analoga dafür zu finden sind, aus denen hervorgeht, daß bessere Ernährung die Entwicklung zum geschlechtsreifen Tier verzögern kann, respektive dieses Endstadium bei schlechterer Ernährung früher erreicht wird. In P. Bachmetjews „Experimentellen entomologischen Studien“, Sophia 1907, sind in bezug auf diese Frage die Ergebnisse der Untersuchungen einer Reihe von Forschern zusammengestellt. 1885 stellte C. F. Morgan mit der Reblaus Versuche an und fand, daß die mangelhafte Ernährung die Entwicklung der geflügelten Weibchen beschleunige, während reichliche Nahrung dieselbe verlangsame. Dieselbe Erfahrung machte zu derselben Zeit Göldi bei anderen Pflanzenläusen (Pemphigus xylostei u. a.), auch er konnte feststellen, daß diese Blattläuse bei Nahrungsmangel die geflügelte Form viel früher ergaben, als es sonst vorkommt. Auch Pictet machte die Erfahrung, daß die Puppen der Schmetterlinge, deren Raupen unter günstigen Ernährungsbedingungen gestanden hatten, sich später in den Falter verwandelten als solche, die aus schlecht ernährten Raupen hervorgegangen waren. Aber auch bei höheren Tieren ist es beobachtet worden, daß Metamorphosen sich unter dem Einfluß des Hungers schneller abspielen. Ich erwähne die Untersuchungen von Barfurth 1887 über die Verwandlung von Froschlarven, die ihn zu dem Schluß bringen, daß der Hunger die Entwicklung beschleunigt. Ähnliche Beobachtungen sind auch im Pflanzenreich gemacht worden. So finden sich z. B. in einer neueren Arbeit über die Entwicklung der Champignons die Angaben, daß Exemplare, deren Ernährungsverhältnisse weniger gut sind, ihre Entwicklung rascher abschließen und schneller zur Fruktifikation gelangen als gut ernährte.

Es scheint demnach ein für das ganze organische Reich gültiger Satz zu sein, daß der Ernährungszustand über die Dauer der Metamorphose entscheidet.

Um auf die für unseren Fall als Analogon besonders wichtigen Ergebnisse der Pictetschen Untersuchungen an Schmetterlingen zurückzukommen, so ist hier nicht zu bezweifeln, daß den gut ernährten Raupen mehr Reservestoffe zur Verfügung stehen als den hungernden Exemplaren, woraus zu folgern ist, daß sie dadurch auch in der Lage sind, länger im Puppenzustand zu verweilen, als weniger gut ernährte Individuen, bei denen der Hunger der Gewebe den Reiz zu schnellerer Entwicklung erteilt. In ähnlicher Lage wie die gut ernährten Tiere sind die in kohlensäurereicher Atmosphäre befindlichen Puppen, die aus der umgebenden Luft Kohlenstoff und Wasser entnehmen und, wie wir aus dem Folgenden ersehen werden, daraus Reservestoffe bilden.

Diese Deutung der Frage ist auch schon aus dem Grunde die richtige, weil ich, wie schon früher betont, nicht beobachtet habe, daß die Kohlensäure in der Konzentration, in der sie in den hier in Frage kommenden Versuchen verwendet worden ist, lähmend auf die Puppen eingewirkt hätte. Im Gegenteil, die Puppen schienen sich eher in einem Stadium nervöser Erregung zu befinden. Sie verhielten sich viel lebhafter als alle übrigen und reagierten sowohl in dem Puppenbehälter, wie auch außerhalb desselben auf jeden Reiz durch oft außerordentlich heftige Bewegungen ihres Hinterleibes. Ich beobachtete z. B., wie sich eine Puppe, nachdem ich sie dem Behälter entnommen und auf weißes Fließpapier gelegt hatte, das von der Sonne grell beschienen war, in den Schatten wälzte, und dabei einen Weg von 12^{cm} zurücklegte. Jedesmal wenn ich den Behälter berührte, fingen die Puppen an sich zu bewegen, ebenso wenn der CO_2-haltige Luftstrom durch den Behälter geleitet wurde. Die Puppen der beiden anderen Serien waren während ihrer ganzen Entwicklung nahezu reaktionslos geblieben.

Veränderung des spezifischen Gewichts der Puppen.

Segelfalter: Serie III.

19. XII. 04.	Gewicht der Puppen	10·58 grm	Spez. Gew.	$\frac{10·58}{10·08} = 1·04.$
	Gewicht des verdrängten Wassers	10·08 „		
30. XII. 04.	Gewicht der Puppen	10·646 „	„ „	$\frac{10·646}{10·846} = 0·9816.$
	„ des H_2O	10·846 „		
22. I. 05.	„ der Puppen	10·766 „	„ „	$\frac{10·766}{10·866} = 0·990.$
	„ des H_2O	10.866 „		
8. III. 05.	„ der Puppen	12·501 „	„ „	$\frac{12·501}{11·801} = 1·05.$
	„ des H_2O	11·801 „		
25. III. 05.	„ der Puppen	12·880 „	„ „	$\frac{12·880}{12·111} = 1·064.$
	„ des H_2O	12·111 „		

Segelfalter: Serie II.

19. XII. 04.	Gewicht der Puppen	11·148 grm	Spez. Gew.	$\frac{11·148}{10·768} = 1·03.$
	Gewicht des verdrängten Wassers	10·748 „		
7. I. 05.	Gewicht der Puppen	11·672 „	„ „	$\frac{11·672}{11·922} = 0·9883.$
	„ des H_2O	11·922 „		
22. II. 05.	„ der Puppen	12·246 „	„ „	$\frac{12·246}{12·236} = 1·1001.$
	„ des H_2O	12·236 „		

Wir ersehen aus dieser Zusammenstellung, daß die Puppen beider Serien bei Beginn der Versuche schwerer waren als Wasser, ihre Dichte verhielt sich zum Wasser wie 1 : 1·04, bzw. wie 1 : 1·03. Während des Monats Dezember verringerte sich nun das spezifische Gewicht der Puppen auf 0·9816, bzw. 1·01. Die in kohlensäurereicher Atmosphäre befindlichen Puppen hatten somit an spezifischem Gewicht schneller abgenommen als die in feuchter, atmosphärischer Luft gehaltenen Tiere. Wir sehen nun, daß die in kohlensäurereicher Luft befindlichen Tiere wieder schwerer werden, während die Puppen der Serie II am 7. Januar ihr niedrigstes spezifisches Gewicht erreichen. Wir haben im vorhergehenden bereits hervorgehoben, daß die Puppen beider Serien Anfang März plötzlich große Zunahmen ihres absoluten Gewichtes zeigten; in derselben Zeit beobachten wir nun auch, daß sie spezifisch schwerer werden. Das Maximum ihres spezifischen Gewichtes erreicht Serie III am 25. März mit spez. Gew. 1·064, Serie II schon im Februar mit spez. Gew. 1·001. Das spezifische Gewicht eines Kubikzentimeters der in kohlensäurereicher Luft gehaltenen Puppen war demnach am Schluß der Experimente um $^1/_{200}$ größer geworden als bei Beginn der Versuche. Die Puppen in feuchter Atmosphäre hatten dagegen ihre anfängliche Dichte nicht mehr erreicht, sie blieben spezifisch leichter. Was läßt sich nun auf Grund dieser Bestimmungen über die Natur der die Gewichtszunahme bedingenden Substanzen aussagen? Besteht die ganze Änderung des absoluten Gewichtes der Puppen aus einer Zunahme der wäßrigen Bestandteile ihres Körpers, begleitet von einer Abnahme des Luftgehaltes in den Geweben? Wäre dies der Fall, so müßte, wie schon früher ausgeführt worden ist, auch das spezifische Gewicht des Puppenkörpers wachsen; dies war aber nicht zu beobachten, sondern im Gegenteil, das spezifische Gewicht war trotz des stetig wachsenden absoluten Gewichtes fast über einen Monat lang im Abnehmen begriffen. Wollen wir nun trotzdem die Wasseraufnahme für das Schwererwerden der Puppen verantwortlich machen, so wäre es notwendig anzunehmen, daß das Wasser an Stelle eines spezifisch schweren Körpers getreten ist, daß z. B. eiweißhaltige Körper oder Kohlenhydrate verbraucht und durch wäßrige Flüssigkeiten ersetzt worden sind. In diesem Fall könnte dann das spezifische Gewicht unter 1 herabsinken. Wenn wir von der Bildung spezifisch leichter Substanzen absehen, so wäre eine Abnahme des spezifischen Gewichts des Puppenkörpers auch noch dadurch erklärt, daß das gesamte Volumen der Puppen eine bedeutende Vergrößerung erführe. Ein solches Größerwerden der Puppen wird in der Tat beobachtet. Die Puppen zeigten, nachdem sie einige Zeit in der CO_2-reichen Atmosphäre zugebracht hatten, ein pralleres Aussehen, die Abdominalringe zogen sich auseinander; aber alle diese Veränderungen waren zu dem Zeitpunkt am auffallendsten, als bereits wieder eine Zunahme des spezifischen Gewichts erfolgt war. Diese Volumenzunahme der Puppen läßt sich auch sehr deutlich aus den Wägungen, zwecks Volumenbestimmung der Atemluft, entnehmen. Am Anfang der Versuche enthielt das die Puppen bergende Gefäß 119·62^{ccm} Wasser, am 21. Dezember 119·31^{ccm}, am 23. Dezember 118·99^{ccm}, am 24. Dezember 118.966^{ccm}, am 30. Dezember 118·854^{ccm}, am 2. Januar 118·9916^{ccm}, am 22. Januar 118·834^{ccm}, am 16. Februar 118·107^{ccm}, am 8. März 117·899^{ccm}, am 25. März 117·589^{ccm}. Diese Abnahme des in den mit den Puppen gefüllten Behälters enthaltenen Wasservolumens entspricht einer ebenso großen Volumenzunahme von seiten der Puppen; die Puppen hatten in drei Monaten um nahezu 2^{ccm} an Volumen zugenommen. Im Laufe des ersten Monats betrug diese Zunahme 0·786^{ccm} = 0·958 Prozent des Gesamtvolumens, im zweiten Monat 0·727^{ccm} = 0·612 Prozent und im dritten Monat 0·518^{ccm} = 0·428 Prozent; sie wurde somit mit fortschreitender Entwicklung geringer. Es scheint mir danach nicht ausgeschlossen, daß das Sinken des spezifischen Gewichtes in dem ersten Monat, in den die stärkste Volumenvergrößerung fällt, zum Teil vielleicht auf diese Oberflächenvergrößerung des Puppenkörpers zurückzuführen ist, auf eine

Volumenzunahme, die das Wachsen der Masse des absoluten Gewichts übertrifft. Später freilich, wenn das Anwachsen des Volumens langsamer vor sich geht, während das absolute Gewicht in schnellerem Tempo zunimmt, wird das Verhältnis ein anderes, wie es auch aus der Berechnung hervorgeht, wenn wir beide Zunahmen, Volumen und Gewicht, in jedem Zeitpunkt in Prozenten ausdrücken. Das Volumenwachstum beträgt in dem ersten Monat 0·958 Prozent, im zweiten 0·612 Prozent, im dritten 0·438 Prozent des Gesamtvolumens; die Gewichtszunahme beläuft sich umgekehrt im ersten Monat auf 1·71 Prozent, im zweiten auf 6·599 Prozent, im dritten auf 12·24 Prozent des Gesamtgewichts. Wir ersehen hieraus, daß sich Volumen und Gewichtszunahme umgekehrt proportional verhalten; wir müssen aber gleichzeitig aus dem Wachstumsverhältnis schließen, daß die Gewichtszunahme auch schon im Anfang mit der Volumenzunahme nicht ganz gleichen Schritt hält, daß sie dieser vorauseilt. Daraus ist aber zu folgern, daß die Volumenvergrößerung auch am Anfang nicht genügt, um das Absinken des spezifischen Gewichtes zu erklären, vorausgesetzt, daß die Zunahme des Körpergewichtes auf eine Bereicherung der Puppen an Substanzen zurückzuführen ist, die, hinsichtlich der Dichte, dieselbe Beschaffenheit zeigen, wie das Material, aus dem sich der Puppenorganismus bei Beginn des Versuchs zusammensetzte. Dieses bedeutende Absinken des spezifischen Gewichtes bei einer im Verhältnis zum absoluten Gewichtszuwachs doch immerhin geringen Volumenvergrößerung und das langsame Ansteigen desselben am Schlusse des Versuchs, wo doch die Volumenvergrößerung fast nur noch halb so schnell wie zu Anfang erfolgt, während das Körpergewicht zehnmal rascher wächst, läßt sich nur dadurch erklären, wenn man annimmt, daß von vornherein und zwar ganz besonders im ersten Monat eine Bereicherung des Organismus an Substanzen stattfindet, die spezifisch leichter sind als Wasser. In erster Linie werden wir an die Bildung von Fettkörper denken, die ja, wie bekannt, während der Metamorphose der Schmetterlingspuppe eine wichtige Rolle spielen. Auf diese Weise ließe es sich verstehen, daß die Abnahme des spezifischen Gewichtes bei der Puppe am Anfang des Versuchs größer ist, als es durch die Volumenvergrößerung bedingt wird. Diese Fettbildung scheint ferner namentlich in den Wintermonaten vor sich zu gehen, und später im März von einer Bildung spezifisch schwererer Körper gefolgt zu sein, da auch zu dieser Zeit eine Zunahme des spezifischen Gewichtes zu verzeichnen war. Die um diese Zeit deutlich einsetzende, assimilatorische Tätigkeit dürfte in erster Linie auf die Bildung von Kohlenhydraten, die Stickstoffaufnahme auf die Entstehung stickstoffreicher, eiweißartiger Körper hinweisen. Jedenfalls läßt das Steigen des spezifischen Gewichtes über 1, bzw. über die Anfangsgröße von 1·04 darauf schließen, daß die Gewichtszunahme der Puppe nicht ausschließlich auf Wasseraufnahme, sondern auch auf die Bildung spezifisch schwererer organischer Verbindungen, zurückzuführen ist, eine Tatsache, auf die wir später noch zurückkommen werden.

Untersuchungen über die Trockensubstanz des Puppenkörpers bei vermehrtem Kohlensäuregehalt der Atemluft.

Die Veränderung des Trockensubstanzgehaltes.

Aus den vorstehenden Ausführungen geht hervor, daß Schmetterlingspuppen der verschiedensten Arten, wenn ihnen während ihrer Entwicklung Kohlensäure und Wasser zur Verfügung steht, an Gewicht zunehmen. Sie unterscheiden sich darin, wie bereits erwähnt, sehr wesentlich von normal gehaltenen, im Zimmer überwinterten Puppen, deren Entwicklung sich in atmosphärischer Luft vollzieht, und die von Tag zu Tag leichter werden. Aus den von Brückeschen Versuchen läßt sich ferner berechnen, daß ein Teil dieser Gewichtszunahme auf die Aufnahme der Bestandteile des Wassers, ein anderer auf die Aufnahme der Bestandteile der Kohlensäure zurückzuführen ist. Das Verhältnis der Wasseraufnahme zum Anteil des Kohlenstoffes bei dieser Gewichtsveränderung beträgt in dem einen aus dem von Brückeschen Versuch berechneten Beispiel 4 : 1, d. h. auf vier Teile Wasser kam ein Teil Kohlenstoff.

Dieses Verhalten der Schmetterlingspuppen legt es nahe, anzunehmen, daß durch den Aufenthalt dieser Tiere in einer an Kohlensäure reichen Atmosphäre nicht nur ihr Wassergehalt, sondern auch ihr Gehalt an kohlenstoffhaltiger Trockensubstanz eine Vermehrung erfährt, und zwar wären hier auch wieder zwei Möglichkeiten zu berücksichtigen. Es könnte der Kohlenstoff in einer anorganischen Verbindung, in der Asche der Puppen gefunden werden, oder aber in organische Substanz verwandelt sein, und in Form von Kohlenhydrat, Fett oder Eiweißkörper ein Assimilat des Puppenorganismus bilden. An eine rein physikalische Absorption der Kohlensäure durch die Körperflüssigkeit der Puppen ist nicht zu denken, da die Quantitäten, die durch die Körpersäfte hätten verschluckt werden können, viel zu klein sind, um die Gewichtszunahme zu erklären. So wogen in dem ersten Versuch 100 Versuchspuppen 17·43 ^{grm} mehr als die Kontrollpuppen. Ihr Wassergehalt betrug 65·34 ^{grm} = 15·36 ^{grm} mehr als der der Kontrollpuppen. Nehmen wir nun an, die Körpersäfte der Versuchspuppen hätten, wie es bei der Pflanze der Fall ist, $1^1/_4$ ihres Volumens Kohlensäure absorbiert, so wären in 65·34 ^{ccm} 81·57 ^{ccm} = 154·9 ^{mgrm} Kohlensäure enthalten gewesen, eine Gewichtszunahme, die viel zu gering ist, um die wirkliche Zunahme des Trockengewichtes von 2·07 ^{grm} zu erklären. Bei den übrigen Versuchen war der Wassergehalt der Puppen ein geringerer und die Gewichtszunahme durch Kohlensäureabsorption würde noch weniger ausschlaggebend gewesen sein.

Die im folgenden mitgeteilten Ergebnisse der Elementaranalyse meiner Versuchs- und Kontrollpuppen zeigen, daß wirklich eine Trockensubstanzvermehrung bei den Versuchspuppen stattfindet, und daß bei dieser die Zunahme der kohlenstoffhaltigen Bestandteile eine Hauptrolle spielen.

1904—1905. Versuch mit den Puppen des Segelfalters:

Zur Analyse wurden verwendet:

CO_2-Versuchspuppen: 11 Stück. Gewicht vor der Analyse: 8·9434 ^{grm}
1 Puppe = 0·81303 ^{grm}
Gewicht von 100 Puppen = 81·303 ^{grm}

100 ^{grm} Puppen enthalten an Trockensubstanz: 19·63 ^{grm}
100 ^{grm} „ „ „ Wasser: 80·37 ^{grm}; daraus folgt:[1]

Trockensubstanz in 100 Puppen = 15·96 ^{grm}
Wasser „ 100 „ = 65·34 ^{grm}

Kontrollpuppen: 6 Stück. Gewicht vor der Analyse: 3·8326 ^{grm}
1 Puppe = 0·6387 ^{grm}
Gewicht von 100 Puppen = 63·87 ^{grm}

100 ^{grm} Puppen enthalten Trockensubstanz: 21·75 ^{grm}
100 ^{grm} „ „ Wasser: 78·25 ^{grm}; daraus folgt:[2]

Trockensubstanz in 100 Puppen = 13·89 ^{grm}
Wasser „ 100 „ = 49·98 ^{grm}

100 CO_2-Versuchspuppen enthalten (15·96 — 13·89) = 2·07 ^{grm} mehr Trockensubstanz und (65·34 — 49·98) = 15·36 ^{grm} mehr Wasser als 100 Kontrollpuppen.

Verhältnis der Trockensubstanz zur Wasservermehrung = 1 : 7.

1905—1906. Versuch mit den Puppen des Segelfalters:

Zur Analyse wurden verwendet:

CO_2-Versuchspuppen: 9 Stück. Gewicht vor der Analyse = 6·997 ^{grm}
Gewicht 1 Puppe = 0·7774 ^{grm}
Gewicht von 100 Puppen = 77·74 ^{grm}

[1] l 81·303 = 1·91009
l 19·63 = 1·29292
nl 3·20301 = 15·96

[2] l 63·87 = 1·80530
l 21·75 = 1·33746
nl 3·14276 = 13·89

100 grm Puppen enthalten Trockensubstanz: 22·6 grm
100 grm „ „ Wasser: 77·4 grm; daraus folgt:[1]
Trockensubstanz in 100 Puppen = 17·57 grm
Wasser „ 100 „ = 60·17 grm
Kontrollpuppen: 16 Stück. Gewicht vor der Analyse = 10·9876 grm
1 Puppe = 0·6867 grm
Gewicht von 100 Puppen = 68·67 grm
100 grm Puppen enthalten Trockensubstanz: 22·16 grm
100 grm „ „ Wasser: 77·84 grm; daraus folgt:[2]
Trockensubstanz in 100 Puppen = 15·57 grm
Wasser „ 100 „ = 53·10 grm

100 Versuchspuppen enthalten (17·57 — 15·57) = 2·00 grm mehr Trockensubstanz und (60·17 — 53·10) = 7·07 grm mehr Wasser als 100 Kontrollpuppen.

Das Verhältnis der Trockensubstanzzunahme zur Wasseraufnahme ist = 1 : 3·5.

Puppen in CO_2-freier Luft: 8 Stück. Gewicht = 4·777 grm
Gewicht 1 Puppe = 0·5971 grm
Gewicht von 100 Puppen = 59·71 grm
100 grm Puppen enthalten Trockensubstanz: 25·2 grm
100 grm „ „ Wasser: 74·80 grm; daraus folgt:[3]
Trockensubstanz in 100 Puppen = 15·05 grm
Wasser „ 100 „ = 44·66 grm

Die in kohlensäurefreier Luft gehaltenen Puppen enthalten (15·57 — 15·05) = 0·52 grm Trockensubstanz weniger als die Kontrollpuppen und (17·57 — 15·05) = 2·52 grm weniger Trockensubstanz als die in kohlensäurereicher Luft gehaltenen Tiere. Ihr Wassergehalt ist um (53·10 — 44.66) = 8·44 grm niedriger als der der Kontrollpuppen und um (60·17 — 44·66) = 15·51 grm niedriger als der der in kohlensäurereicher Luft gehaltenen Tiere.

1906—1907. Versuche mit den Puppen des Segelfalters:

Zur Analyse wurden verwendet:

CO_2-Versuchspuppen: 104 Stück. Gewicht vor der Analyse: 93·1 grm
Gewicht 1 Puppe = 0·8952 grm
Gewicht von 100 Puppen = 89·52 grm

Analysiert wurden, nachdem ein kleiner Teil der getrockneten Substanz durch Umfallen der Schale verloren gegangen war: 13·6 grm Trockensubstanz. Es enthielt deshalb eine Puppe mehr als 0·1307 grm Trockensubstanz.

100 Puppen mehr als 13·07 grm [= 17·7, vgl. S. 127] Trockensubstanz.
100 Puppen weniger als 76·45 grm [= 70·15, vgl. S. 127] Wasser.

---

[1] l 77·74 = 1·89064
l 22·60 = 1·35411
nl 3·24475 = 17·57

[2] l 68·67 = 1·83677
l 22·16 = 1·34557
nl 3·19234 = 15·57

[3] l 59·71 = 1·77605
l 25·20 = 1·40140
nl 3·17745 = 15·05

Kontrollpuppen: 86 Stück. Gewicht vor der Analyse = 56·3 grm
1 Puppe = 0.652 grm
Gewicht von 100 Puppen = 65.20 grm

Die Puppen ergaben 9·8 grm Trockensubstanz.
1 Puppe enthielt danach: 0·114 grm Trockensubstanz.
100 Puppen enthielten: 11·4 „ „
100 „ „ 53.8 „ Wasser.

Die in kohlensäurereicher Atmosphäre gehaltenen Puppen übertreffen die Kontrollpuppen um mehr als 13·07 — 11.40) = **1·67** grm an Trockensubstanz und um weniger als (76·45 — 53·80) = **22·65** grm an Wassergehalt.

Zusammenfassung:

Versuchsjahr:		Trockensubstanzzunahme	Wasserzunahme
		der CO_2-Versuchspuppen:	
1904—1905	100 Puppen:	2·07 grm	15·86 grm
1905—1906	100 „	2.00	7·07
1905—1906	100 „	2·52	15·51
1906—1907	100 „	größer als 1·67	kleiner als 22·65

Wir sehen aus dem Vorhergehenden, daß der Trockensubstanzgehalt der Puppen in den verschiedenen Versuchsjahren variiert, daß er einmal höher und einmal niedriger gefunden wurde, wir sehen aber auch, daß in jedem Jahr die in kohlensäurereicherer Luft gehaltenen Puppen die andern an Trockensubstanzgehalt übertreffen. Aus dem Versuch des Jahres 1905/6 ersehen wir außerdem, daß bereits die Menge der Kohlensäure, die für gewöhnlich in der Atmungsluft den Puppen zur Verfügung steht, für die Größe der Trockensubstanzzunahme ausschlaggebend ist. In der einen Puppenserie hatte den Puppen die selbsterzeugte Atmungskohlensäure jedenfalls teilweise zur Verfügung gestanden, bei einer zweiten war die Atmungskohlensäure den Puppen durch Kalilauge sofort entzogen worden, die erstere Puppenserie übertraf die zweite um 0.52 grm an Trockensubstanz. Die dritte Versuchsserie hatte sich in einer Atmosphäre von durchschnittlich 80 Prozent CO_2 entwickelt, ihr Trockensubstanzgehalt hatte um 2·52 grm zugenommen, der Zuwachs war also hier gegenüber der in atmosphärischer Luft + Atmungskohlensäure gehaltenen Puppen fünfmal größer als die Trockensubstanzzunahme, die diese letzteren verglichen mit den in kohlensäurefreier Luft erzogenen Puppen zu verzeichnen gehabt hatten, denn es ist hervorzuheben, daß der Zuwachs an Trockensubstanz bei den Puppen, die in einer Atmosphäre von künstlich weit über das natürliche Maß erhöhtem Kohlensäuregehalt gelebt hatten, in jedem Jahr annähernd derselbe war. Er betrug für 100 Puppen 2 grm. Bei dem letzten Versuch, wo sich nur ein Überschuß von 1·67 ^{grm} ergeben hatte, ist ausdrücklich zu bemerken, daß ein kleiner Teil der Trockensubstanz durch einen unglücklichen Zufall verloren gegangen ist. Nach den gut übereinstimmenden Resultaten der Vorjahre zu urteilen, müßte der Trockensubstanzverlust etwa 0·33 ^{grm} betragen haben.

Versuche mit den Puppen des Buchenkahnspinners:

1905—1906. CO_2-Versuchspuppen: 27 Puppen. Gew. = 7·3921 ^{grm}
1 Puppe = 0·2734 „
Gewicht von 100 Puppen = 27·30 „
100 ^{grm} Puppen enthalten Trockensubstanz: 34·2 ^{grm}
100 „ „ „ Wasser: 65·8 „ ; daraus folgt:
Trockensubstanz in 100 Puppen = 9.34 „
Wasser „ 100 „ = 17·96 „ .

Kontrollpuppen: Gewicht einer Puppe = 0·237 ^{grm}
Gewicht von 100 Puppen = 23·7 „
100 ^{grm} Puppen enthalten Trockensubstanz: 23·35 „
100 „ „ „ Wasser: 76·65 „ ; daraus folgt:
Trockensubstanz in 100 Puppen = 5·53 „
Wasser „ 100 „ = 18·17 „ .

Die in kohlensäurereicher Luft gehaltenen Puppen enthalten (9·34 – 5.53) = 3·81 ^{grm} mehr Trockensubstanz als die Kontrollpuppen, sie werden von den letzteren an Wassergehalt um 0·19 ^{grm} übertroffen.

Auch der Versuch mit dem Buchenkahnspinner zeigt, daß der Trockensubstanzgehalt von Schmetterlingspuppen, die ihre Entwicklung in einer an Kohlensäure reichen Atmosphäre durchmachen, größer ist als der der in atmosphärischer Luft befindlichen Kontrolltiere. Wenn wir berücksichtigen, daß das Gewicht einer Buchenkahnspinnerpuppe nur den vierten Teil des Gewichtes einer Segelfalterpuppe beträgt, daß aber der Trockensubstanzgewinn der in kohlensäurereicher Luft befindlichen Puppen fast das Doppelte von dem der Seglfalterpuppen ist, so müssen wir annehmen, daß die Fähigkeit Kohlensäure zu assimilieren, bei den Buchenkahnspinnerpuppen auf das ganze Körpergewicht bezogen, nahezu achtmal so groß ist, als beim Segelfalter. Dieser Schluß ist aber nur dann richtig, wenn wir den Trockensubstanzzuwachs mit dem Gesamtgewicht vergleichen, nicht wenn wir ihn auf das Gewicht der Trockensubstanz allein beziehen, denn die Puppen des Buchenkahnspinners sind trockensubstanzreicher als die des Segelfalters. Werden in den verschiedenen Versuchen die Gewichte der Trockensubstanz durch die Gewichte des jeweils erzielten Trockensubstanzzuwachses dividiert, so ergeben sich die folgenden Zahlen:

Buchenkahnspinner: 6·88 : 3·85 = 2·0.
Segelfalter 1904/5: 15·96 : 2·07 = 7·7.
„ 1905/6: 17·57 : 2·00 = 8.78.
„ 1906/7: 13·07 : 1·67 = 7·8.

Wir müssen aus diesen Quotienten den Schluß ziehen, daß der Zuwachs an Trockensubstanz bei den Versuchspuppen umgekehrt proportional ist zur Gesamttrockensubstanz, daß er mit anderen Worten kleiner wird, wenn der Trockensubstanzgehalt der Puppen größer ist. Puppen mit sehr hohem Trockensubstanzgehalt würden demnach relativ weniger assimilieren als Puppen mit geringerem Trockensubstanzgehalt. Dieses Ergebnis ist insofern überraschend, als man annehmen sollte, daß Puppen mit hohem Gehalt an Trockensubstanz, der einen Reichtum an organischem Material ausdrückt, in der Lage sein sollten, den Assimilationsprozeß ausgiebiger zu besorgen, als solche von geringerem organischen Substanzgehalt. Wenn der Trockensubstanzgehalt angeben würde, wieviel assimilierendes Gewebe im Puppenkörper vorhanden ist, so wäre zu erwarten, daß trockensubstanzreichere Puppen auch mehr assimilieren. Der Trockensubstanzgehalt ist aber nicht nur das Maß für die im Puppenkörper enthaltenen assimilierenden Gewebe, er gibt auch an, wieviel Assimilate z. B. als Reservestoffe im Puppenkörper enthalten waren. Hat aber der Puppenkörper einen hohen Vorrat von Reservestoffen, so wird sein Bedürfnis, neue zu bilden, weniger groß sein, als wenn diese ihm fehlen. Er wird sogar nicht so viel assimilieren können, weil der Puppenkörper nicht beliebig wachsen kann, sondern durch die feste Puppenhülle darauf angewiesen ist, einen ganz bestimmten Raum auszufüllen. Es wird danach zu erwarten sein, daß sich verschiedene Puppenarten, die sich in bezug auf die Ansammlung von Reservestoffen, z. B. in bezug auf ihren Fettgehalt, unterscheiden, bei der Bildung von Trockensubstanz aus Kohlensäure und Wasser ganz verschieden verhalten und diese Verschiedenheit dadurch zum Ausdruck bringen werden, daß bei gleichem Trockensubstanzgehalt sie relativ weniger oder mehr Trockensubstanzzunahme zeigen. Ferner ist es anzunehmen, daß bei einer und derselben Puppenart und unter gleichen physiologischen Verhältnissen — bei vorausgegangener gleichartiger Ernährung und zur selben Jahreszeit — die Mengen der durch Assimilation gebildeten Trockensubstanzen umgekehrt proportional zum Gesamtgehalt an Trockensubstanz bleiben werden. Die Ergebnisse aus den Versuchen mit dem Segelfalter bestätigen diese Ausführungen.

Es wurde gefunden, Versuch 1904/5:

Trockensubstanz, Trockensubstanzzuwachs:
= 15·96 : 2·07 = 7·7
1905/6: = 17·57 : 2·00 = 8·78.

Wenn in den beiden Versuchen die Puppen der Voraussetzung entsprechen, so muß sich die Trockensubstanz der Puppen von 1904/5 zur Trockensubstanz der Puppen von 1905/6 verhalten, wie die Quotienten 7·7 : 8·78. Diese Bedingung ist auch annähernd erfüllt:

$$15{\cdot}96 : 17{\cdot}57 = 7{\cdot}7 : 8{\cdot}78$$
$$15{\cdot}96 : 17{\cdot}57 = 1{\cdot}11.\ 7{\cdot}7 : 8{\cdot}78 = 1{\cdot}14.$$

In dem Versuche von 1906/7 ergibt sich als Quotient der Trockensubstanz und des Trockensubstanzzuwachses = 13·07 : 1·67 = 7·8. Diese Zahl ist aber, auf die beiden ersten Versuche bezogen, viel zu groß. Hätten die Puppen in dem Jahre 1906/7 ihre Trockensubstanz in demselben Verhältnis vermehrt wie in den beiden vorhergehenden Jahren, so hätte sich als Quotient die Zahl:

$$15{\cdot}96 : 13{\cdot}07 = 7{\cdot}7 : x \cdot x = 6{\cdot}3$$
$$17{\cdot}57 : 13{\cdot}07 = 8{\cdot}78 : x \cdot x = 6{\cdot}5$$

ergeben. Dieser Quotient von 6·5 würde dann aber einem Trockensubstanzzuwachs von:

$$13{\cdot}07 : x = 6{\cdot}5 \cdot x = 2{\cdot}01^{\text{grm}} \text{ bzw. } 13{\cdot}07 : x = 6{\cdot}3 \cdot x = 2{\cdot}07^{\text{grm}}$$

entsprechen.

Ich habe im vorhergehenden erwähnt, daß in dem Versuch vom Jahre 1906/7 durch ein Versehen ein kleiner Teil der Trockensubstanz der in kohlensäurereicher Luft gehaltenen Puppen verloren gegangen ist, daß also das nachträglich gefundene Gewicht tatsächlich zu niedrig ist. Wir haben ferner gesehen, daß die absolute Trockensubstanzzunahme der Versuchspuppen in den beiden anderen Versuchsjahren 2^{grm}, in dem dritten Jahr aber nur $1{\cdot}67^{\text{grm}}$, somit $0{\cdot}33^{\text{grm}}$ weniger betrug, und wir haben an dieser Stelle bereits in Erwägung gezogen, daß dieser Fehlbetrag wohl dem Gewicht der verloren gegangenen Trockensubstanz entsprechen dürfte. Diese Annahme wird durch die relativ zur Gesamttrockensubstanz berechneten Zuwachswerte der beiden anderen Serien als annähernd zutreffend bestätigt, denn wir hatten gefunden, daß die Versuchspuppen aus dem Jahre 1906/7 einen Trockensubstanzzuwachs von 2·01 bzw. $2{\cdot}07^{\text{grm}}$ gehabt haben mußten, falls ihre Zunahme in einem, den ersten Versuchen ähnlichen Verhältnis zur Gesamttrockensubstanz der Puppen gestanden hatte. Nehmen wir an, der Trockensubstanzzuwachs der in Frage stehenden Puppen hätte das Mittel von 2·01 und 2·07, also $2{\cdot}04^{\text{grm}}$ betragen, so verhält sich auch in diesem letzten Versuch der Trockensubstanzzuwachs zum Trockensubstanzzuwachs in den späteren Experimenten wie die dem Zuwachs entsprechenden Gewichte der Gesamttrockensubstanzen:

$$15{\cdot}96 : 13{\cdot}44 = 7{\cdot}7 : 6{\cdot}58 \qquad 17{\cdot}57 : 13{\cdot}44 = 8{\cdot}78 : 6{\cdot}58$$
$$1{\cdot}17 = 1{\cdot}17 \qquad 1{\cdot}30 = 1{\cdot}33$$

Wir können demnach für die Puppen des Segelfalters sagen, daß die Trockensubstanzzunahme für 100 Puppen in kohlensäurereicher Luft durchschnittlich 2 ^{grm} beträgt, und wir sehen, daß diese Zunahme deshalb so konstant ist, weil sie bei niederem Gesamttrockensubstanzgehalt der Puppen verhältnismäßig größer ist als bei höherem.

Bei dem Buchenkahnspinner ist das Verhältnis von Gesamttrockensubstanz zu Trockensubstanzzunahme ein vom Segelfalter verschiedenes.

Trockensubstanz und Zuwachs stehen hier in dem Verhältnis: $6 \cdot 88 : 1 \cdot 35 = 5 \cdot 0$. Würde die Zunahme im gleichen Verhältnis zur Trockensubstanz stehen wie beim Segelfalter, so müßte sich in der Proportion: $15 \cdot 96 : 6 \cdot 88 = 7 \cdot 7 : x$ für x der Wert $5 \cdot 0$ ergeben, das ist aber nicht der Fall, denn x ist $= 3 \cdot 4$. Es ist somit hieraus der Schluß zu ziehen, daß bei dem Buchenkahnspinner die Trockensubstanz eine andere Zusammensetzung hat, daß sie weniger assimilierendes Gewebe und mehr Reservestoff enthält und daß hier wohl aus diesem Grunde eine Neubildung von kohlenstoffreichen Assimilaten während des Puppenlebens in relativ beschränkterem Maße stattfindet.

Ich habe im vorhergehenden gezeigt, daß die Zunahme des Körpergewichtes der in kohlensäurereicher Luft gehaltenen Puppen nicht nur auf eine größere Zunahme an Wasser, sondern auch auf eine größere Zunahme an Trockensubstanz zurückzuführen ist. Ich habe dabei vorausgesetzt, daß dieser größere Gehalt an Wasser und Trockensubstanz auf einer Vermehrung, d. h. auf einer Aufnahme von Wasser und einer Neubildung von Trockensubstanz beruht, nicht auf einer geringeren Abgabe der Puppen an beiden Substanzen. Ich halte mich hierfür berechtigt, weil ja schon das steigende Körpergewicht der Puppen und das Ergebnis der Gasanalyse angezeigt haben, daß bei den in kohlensäurereicher Luft gehaltenen Puppen mehr hinzukommt als ausgegeben wird. Man könnte nur aus den Gewichtsbestimmungen schließen, daß die Zunahmen allein auf Wasseraufnahme bei gleichbleibendem Trockensubstanzgehalt beruhen, und daß die Differenzen im Trockensubstanzgehalt beider Puppenserien nur auf einen Unterschied im Verbrauch zurückzuführen seien. Es liegt nahe, anzunehmen: Die Versuchspuppen waren durch den höheren Kohlensäuregehalt in einen lethargischen Zustand versetzt, in dem sehr wenig an Körpersubstanz verbraucht wurde, während die unter denselben Wärmebedingungen sich befindenden Kontrollpuppen einer schnellen Entwicklung entgegengingen. Wir haben bereits erörtert, daß dieser Standpunkt unhaltbar ist, schon allein deshalb, weil die Voraussetzungen des lethargischen Zustandes nicht zutreffen, außerdem zeigt eine einfache Rechnung, daß der erhaltene Überschuß an Trockensubstanz viel zu groß ist, als daß es sich hier um eine Substanzersparnis handeln könnte.

Das Gewicht der ausschlüpfenden Falter verhält sich in meinen Versuchen zu dem der Puppen am ersten Tage des Versuches wie 0·759 : 0·889, es sind somit 0·130^{grm} oder der siebente Teil des Anfangsgewichtes der Puppen verloren gegangen. Nach den Untersuchungen Kellners verlieren die Seidenspinnerpuppen während ihrer Metamorphose die Hälfte ihres Anfangsgewichtes, davon sind $^2/_3$ Wasser und $^1/_3$ Trockensubstanz. Nehmen wir an, beim Segelfalter wäre das Verhältnis ein ähnliches wie beim Seidenspinner, so müßten die Puppen $^1/_7 \cdot {}^1/_3 = {}^1/_{21}$ ihrer Trockensubstanz eingebüßt haben. Würden die Versuchspuppen diese Trockensubstanzmenge erspart haben, so könnte ihr Gehalt an Trockensubstanz um diesen Betrag größer sein als der der Kontrollen. In Wirklichkeit hat sich aber herausgestellt, daß die Versuchspuppen die Kontrollen um: 2·07 : 13·89 = $^1/_7$, 2 : 15·57 = $^1/_8$, 2 : 11·4 = $^1/_6$ an Trockensubstanz übertreffen. Der Mehrgehalt an Trockensubstanz überschreitet daher die Menge, die hätte erspart werden können, um das dreifache. Da aber, wie wiederholt erwähnt, die Entwicklung der in kohlensäurereicher Luft erzogenen Puppen durchaus nicht stillesteht, so ist anzunehmen, daß ihre assimilatorische Leistung eine noch wesentlich höhere war, als aus den Trockensubstanzbestimmungen geschlossen werden kann.

Es scheint demnach für die einzelnen Arten eine bestimmte Grenze zu bestehen, innerhalb welcher eine Vermehrung der Trockensubstanz möglich ist und unter geeigneten äußeren Bedingungen geschieht.

Es erfährt indessen nicht nur die Trockensubstanz der in kohlensäurereicher Luft gehaltenen Puppen eine Vermehrung, auch der Gehalt der CO_2-Puppen an Wasser wird größer, und die Zunahme des Wassergehaltes übertrifft die der Trockensubstanz ganz bedeutend. In dem ersten Versuch, wo als Kontrollpuppen bis dahin im Keller gelegene Puppen verwendet worden sind, ist das Verhältnis der Trockensubstanz zur Wasserzunahme wie 1 : 7, in den übrigen Versuchen wie 1 : 3, 1 : 6, 1 : 12.

Die Veränderung der chemischen Zusammensetzung der Trockensubstanz.

Nachdem nun in allen Versuchen festgestellt worden ist, daß die in kohlensäurereicher Luft gehaltenen Schmetterlingspuppen eine Zunahme ihrer Trockensubstanz und zwar eine für die Puppenart bestimmte Zunahme erfahren und damit bewiesen wurde, daß die Gewichtsveränderung der in dieser Weise erzogenen Puppen nicht allein auf eine Bereicherung des Körpers an Wasser zurückzuführen ist, bleibt es festzustellen, welche der die Trockensubstanz zusammensetzenden Elemente vermehrt werden. Nach dem Ergebnis meiner gasanalytischen Ausführungen und auf Grund der im vorstehenden mitgeteilten Resultate des v. Brückeschen Experimentes muß angenommen werden, daß es hauptsächlich der Kohlenstoff und Stickstoff ist, der vom Puppenkörper aufgenommen und in Trockensubstanz verwandelt wurde. Die vorhergehenden Ausführungen lassen ebenfalls erwarten, daß die Elementaranalyse der Puppenkörper eine Vermehrung des Kohlenstoff- und Stickstoffgehaltes zum Ausdruck bringt. Um diese Frage einwandsfrei zu entscheiden, wurde bei allen Versuchen die Elementaranalyse der Puppen ausgeführt. Die Analysen in den Jahren 1904/5 und 1905/6 wurden an dem chemischen Untersuchungsamt in Mülhausen i. E. durch Herrn Dr. Gronover, die Analyse des letzten Versuches durch Herrn Dr. Neubauer, Direktor der Versuchsstation des Landwirtschaftlichen Vereines der Rheinprovinz, gemacht. Die Analysen ergaben in bezug auf die elementare Zusammensetzung der Puppenserien folgendes:

	Segelfalter 1904/05			1905/06			1906/07		
	Versuch	Kontrolle	Differenz	Versuch	Kontrolle	Differenz	Versuch	Kontrolle	Differenz
C	50·50	49·91	+0·59	52·02	50·27	+1·75	51·06	49·87	+1·19
H	9·43	9·61	—0·18	7·62	7·20	+0·42	7·34	7·18	+0·16
N	10·54	9·54	+1·00	10·24	10·50	—0·26	10·17	10·98	—0·81
O							27·08	27·60	—0·52
	19·44	19·78	—0·34	30·12	32·03	—1·91			
A							4·35	4·37	—0·02

Auf 100 Puppen berechnet ergibt sich:

Trock.-Subst.	15·96	13·89	2·07	17·57	15·57	2·0	13·40	11·40	2·0
C	8·06	6·932	+1·128	1·140	7·827	+1·313	6·842	5·685	+1·157
H	1·505	1·33	+0·175	1·339	1·121	+0·218	0·983	0·818	+0·165
N	1·682	1·325	+0·357	1·799	1·635	+0·164	1·363	1·252	+0·111
O							3·642	3·146	+0·496
A+O	3·103	2·747	+0·356	5·282	4·987	+0·305			
A							0·582	0·498	+0·084

	Buchenkahnspinner 1905/06 in Prozenten:			Für 100 Puppen	
C	52·94	52·84	+0·10	3·646	2·925
H	7·15	7·61	—0·46	0·462	0·421

Aus dieser Zusammenstellung geht hervor, daß die in kohlensäurereicher Luft erzogenen Puppen nicht nur relativ, sondern auch absolut an Kohlenstoff reicher sind als die in atmosphärischer Luft erzogenen Kontrollpuppen. Die Kohlenstoffzunahme der Versuchspuppen beträgt bis zu $^1/_5$ des Kohlenstoffgehaltes der Kontrollpuppen.

Zu der Vermehrung der Trockensubstanz steht die des Kohlenstoffes bei den verschiedenen Versuchsserien in folgendem Verhältnis:

	1904/05			1905/06		
	Trockensubst.	C	H_2O	Trockensubst.	C	H_2O
100 Puppen:	2·07 grm	1·162 grm	15·36	2·00 grm	1·483 grm	7·07
	2 :	1 :	13	1·5 :	1 :	4·5

	1906/07		
	Trockensubst.	C	H_2O
100 Puppen:	2·04 grm (1·67)	1·22 grm [1]	22·18
	2 :	1 :	22

Bei der Trockensubstanzzunahme der in kohlensäurereicher Luft gehaltenen Puppen beträgt die Kohlenstoffvermehrung somit durchschnittlich die Hälfte des Trockensubstanzüberschusses. Die andere Hälfte ist auf eine Vermehrung der übrigen Elementarbestandteile zurückzuführen. Bei den letzten Versuchen war der Aschengehalt der Versuchspuppen ein etwas höherer als der der Kontrollen, wenigstens absolut genommen, relativ zum Kohlenstoffgehalt der Puppen war dagegen der Aschengehalt der Versuchspuppen kleiner als der der Kontrollen. Im ersten Fall verhielt sich die Asche zum Kohlenstoff wie 1 : 11·7, im zweiten Fall wie 1 : 11·4. In den Differenzwerten der Versuchs- und Kontrollpuppen verhält sich das Mehr an Asche zu dem an Kohlenstoff wie 1 : 13. In der neugebildeten Substanz steht somit die Asche zum Kohlenstoff in einem ganz verschiedenen Verhältnis wie im gesamten Puppenkörper. Ich schließe aus diesem Verhalten der Aschenbestandteile, daß die Versuchspuppen während ihres Aufenthaltes in kohlensäurereicher Atmosphäre ihre Körperbeschaffenheit dahin geändert haben, daß die aschearmen Bestandteile ihres Organismus vermehrt worden sind. Wenn wir aus den Differenzwerten die prozentualische Zusammensetzung der neugebildeten Substanz berechnen, so ergibt sich für die verschiedenen Versuchsjahre:

	1904/5	1905/6	1906/7
C	53·5	65·65	57·85
H	8·45	10·90	8·25
N	17·24	8·2	5·55
O			24·80
A + O	17·20	15·20	
A			4·20

Wir ersehen hieraus, das die neugebildete Substanz kohlenstoffreicher ist als der Puppenkörper in seiner Gesamtheit. Ferner ergibt sich aus

[1] Zuwachs nach Ergänzung der Trockensubstanz um die verloren gegangene Menge.

diesen Zahlen, daß der Kohlenstoffgehalt in allen drei Versuchen etwas mehr als das 6fache des Wasserstoffgehaltes beträgt. Der Stickstoffgehalt ist sehr schwankend, während der Sauerstoffgehalt nicht unter den vierten Teil des Kohlenstoffgehaltes herabsinkt.

Das Verhältnis, in dem Kohlenstoff und Wasserstoff zueinander stehen, erinnert an das Verhalten dieser beiden Elemente in den Fettsäuren von der Formel: $CnH2nO_2$. Der Überschuß an Wasserstoff und Stickstoff, der sich indessen in allen drei Fällen ergeben hat, läßt darauf schließen, daß sich außer Fettsäuren auch noch andere Substanzen, namentlich Eiweißkörper, gebildet haben. Über die Natur dieser Substanzen gibt uns die Substanzanalyse Aufschluß.

Die Substanzanalyse wurde, wie auch die Elementaranalyse der in Frage stehenden Puppen, von Hrn. Dr. Neubauer, dem Direktor der Versuchsstation des Landwirtschaftlichen Vereins für Rheinpreußen, ausgeführt.

Es enthielten in Prozenten der im Exsikkator über Schwefelsäure getrockneten Substanz:

	Versuchspuppen: analysierte Trockensubstanzmenge		Kontrollpuppen: analysierte Trockensubstanzmenge		Differenz zugunsten der Versuchspuppen
	13·6 grm in %	100 Puppen	9·8 grm in %	100 Puppen	
Kohlenstoff	51·06	6·842	49·87	5·685	+ 1·157
Wasserstoff	7·34	0·983	7·18	0·818	+ 0·165
Stickstoff	10·17	1·363	10·98	1·252	+ 0·111
Mineralstoffe, erhalten bei Verbrennung für die Elementaranalyse	4·35	0·5829	4·37	0·498	+ 0·0849
Mineralstoffe, Veraschung in gewöhnlicher Weise	4·22		4·24		
Lecithin, berechnet als Distearyl-Lecithin	2·50	0·335	4·77	0·5438	– 0·2088
Fehlingsche Lösung direkt reduzierende wasserlösliche Stoffe, als Traubenzucker berechnet	2·90	0·3886	1·90	0·2166	+ 0·1720
Glykogen	0·86	0·1152	1·47	0·1676	— 0·0524
Alkoholextrakt	28·93	3·8766	23·10	2·6334	+ 1·2432
Ätherextrakt	14·13	1·8934	10·00	1·1400	+ 0·734
Stickstoff in wasserlöslicher Form	3·62	0·485	2·99	0·341	+ 0·144
durch neutrales Kupfersulfat nicht fällbarer Stickstoff	1·87	0·251	1·87	0·213	+ 0·038
Stickstoff in Form von Nukleinen	2·18	0·292	2·84	0·324	– 0·032

Zu den vorstehenden Ergebnissen bemerkt Dr. Neubauer folgendes: „Die Bestimmungen von Kohlenstoff und Wasserstoff wurden nach Dennstedt, die des Stickstoffes nach Kjeldahl ausgeführt. Die Zahlen sind das Mittel aus gut übereinstimmenden Doppelanalysen. Die übrigen Bestimmungen wurden wegen Mangel an Substanz nur einfach ausgeführt. Es wurde folgendermaßen verfahren:

Lecithinphosphorsäure:

3 ^{grm} Substanz wurden durch Extraktion mit absolutem Alkohol erschöpft. Das alkoholische Extrakt wurde getrocknet, gewogen und darin nach Zerstörung der organischen Substanz mit Salpetersäure und Schwefelsäure die Phosphorsäure nach v. Lorenz bestimmt.

Fehlingsche Lösung direkt reduzierende, wasserlösliche Stoffe:

Ein wäßriges Extrakt wurde direkt mit Fehlingscher Lösung nach der für Traubenzucker gültigen Vorschrift gekocht und das abgeschiedene Kupfer gewichtsanalytisch bestimmt.

Glykogen:

Die Bestimmung wurde mit 3 ^{grm} Substanz, dem Rückstand der Lecithinbestimmung, nach Polenska-Mayerhofer ausgeführt. Nach diesem Verfahren wurden gewonnen aus Probe 1: 1·04 und aus Probe 2: 2·00 Prozent Glykogen. Da es aber augenscheinlich noch nicht rein war, wurde es nach Pflüger in Traubenzucker verwandelt und dieser mit Fehlingscher Lösung gewichtsanalytisch bestimmt. Durch Multiplikation der gefundenen Menge Traubenzucker mit 0·927 wurde das oben angegebene Resultat erhalten.

Ätherextrakt (Fett)

wurde nach Dormeyer bestimmt.

Stickstoff in der Form von Nukleinen

war der nach der künstlichen Verdauung mit Pepsinsalzsäure nach Stutzer-Kühn unlöslich zurückbleibende Stickstoff.

Für die Bestimmung der Harnsäure waren leider nur etwa 2 ^{grm} von jeder Probe verfügbar, also eine für gewöhnlich angewandte Methoden gänzlich ungenügende Menge. Um über die Menge dieses wichtigen Bestandteiles aber wenigstens einen Anhalt zu bekommen, wurde folgendermaßen verfahren: Um von dem kostbaren Material nichts zu vergeuden, machten wir zunächst Versuche an anderen, uns zu diesem Zwecke zur Verfügung gestellten Schmetterlingspuppen, nachdem diese getrocknet und pulverisiert worden waren. Nach verschiedenem, vergeblichem Herumprobieren glaubten wir endlich in der von Guérin für die Harnsäurebestimmung im Harn beschriebene Methode[1] eine gefunden zu haben, die etwas abgeändert, zu brauchbaren Nährungswerten für den Harnsäuregehalt der Puppen führen könnte. Wir schlugen also folgenden Weg ein: 1 grm des getrockneten und fein zerriebenen Puppenpulvers wurde in ein Becherglas von etwa 500 ccm Inhalt gebracht, mit 200 ccm einer 1prozent. Lösung von Natriumkarbonat und 10 ccm einer 1 prozent. Natriumhydroxydlösung versetzt, zum Sieden erhitzt und nach dem Erkalten filtriert. Das Filtrat wurde mit 50 ccm einer 5prozent. Ammoniumnitratlösung und 10 ccm 10prozentigem Ammoniak versetzt und mindestens 48 Stunden stehen gelassen. Nach Verlauf dieser Zeit schied sich eine kristallinische gelblichbraune Masse aus, die sich durch die Murexidprobe und andere Reaktionen als Ammoniumurat erwies. Der Niederschlag wurde durch gereinigten Asbest filtriert mit einer Lösung, die 10 Prozent Ammoniumnitrat und 1 Prozent Ammoniak (NH_3) enthielt, ausgewaschen und mit dem Asbest in ein Erlenmeyersches Kölbchen übergeführt. Sodann wurden 50 ccm Wasser und 20 ccm 5prozent. Schwefelsäure zugefügt, das Ganze auf etwa 50° erwärmt und mit einer 0·15prozent. Lösung von Kaliumpermanganat bis zur Rosafärbung titriert. 1 ccm der Permanganatlösung entspricht 3·56 grm Harnsäure. Alle diese Manipulationen versprachen nach den Beobachtungen an den zur Übung verwendeten Puppen auch ein brauchbares Ergebnis an dem eigentlichen Untersuchungsmaterial zu liefern. Zu unserem Erstaunen erhielten wir aber bei beiden Proben trotz sehr langen Stehenlassens der Lösung keine deutliche Fällung von Ammoniumurat. Wir müssen daraus schließen, daß die beiden Proben nur sehr geringe, auf dem angegebenen Weg der Bestimmung nicht zugängliche Mengen Harnsäure enthielten. Das übereinstimmende Verhalten der Versuchspuppen war jedenfalls ganz verschieden von dem der Vergleichspuppen. Auch in den letzteren war der Harnsäuregehalt allerdings nicht sehr hoch, er betrug nach unserer Schätzung zwischen 1 und 2 Prozent. Ganz durchgeführt haben wir eine quantitative Bestimmung bei den Vergleichspuppen nicht, da es uns nach dem vielen Herumprobieren schließlich auch hier an Material fehlte.

Schließlich sei noch bemerkt, daß eine Bestimmung der Mineralstoffe in der üblichen Weise durch Veraschung in einer Platinschale an der Luft Ergebnisse lieferte, die nur ganz unwesentlich niedriger waren als sie die Wägungen der Rückstände bei den Elementaranalysen ergeben hatten. Die direkten Aschebestimmungen bestätigten aber — und das ist wichtig — die auffällige Übereinstimmung des Mineralstoffgehaltes beider Puppenserien. Wir versuchten endlich noch den Calciumgehalt zu bestimmen, erhielten

---

[1] *Journal de Pharmacie.* 6. Ser. 23 (1906). p. 516.

aber auch nach langem Stehen nur kaum erkennbare Trübungen von Calciumoxalat, so daß wir von der Wägung Abstand nehmen mußten."

Aus den Bestimmungen geht hervor, daß die Versuchspuppen an Lecithin, Glykogen und Stickstoff in Form von Nukleinen abgenommen hatten, daß dagegen ihr Gehalt an Fett und Fettsäuren beträchtlich, an Zucker, Stickstoff in wasserlöslicher Form und durch neutrales Kupfersulfat nicht fällbar, ebenfalls deutlich gewachsen war. Mit andern Worten: Die Versuchspuppen hatten sowohl an Eiweiß wie auch an Fett und Kohlehydrat zugenommen, verloren hatte ihr absoluter Gehalt an phosphorhaltigen Eiweißkörpern (Nuklein) und phosphorhaltigen Fettkörpern (Lecithin).

Im folgenden soll nun berechnet werden, wie groß die Zunahme der Versuchspuppen bzw. wie groß ihr Verlust an Körpern der verschiedenen Gruppen gewesen ist und inwieweit dabei nur eine Vermehrung organischer Substanzen durch Umlagerung der Elementarbestandteile verloren gegangener Körper, oder aber eine Neubildung mit Hilfe aus der Atmosphäre entnommener Elementarbestandteile stattgefunden hat.

Substanz	Versuchs-puppen	Kontroll-puppen	Die Versuchspuppen enthielten	
			Mehr	Weniger
Mineralbestandteil	0·5829	0·4982	0·0847	
Lecithin	0·3350	0·5438		0·2088
Zucker	0·3886	0·2166	0·172	
Glykogen	0·1152	0·1676		0·0524
Fett und Cholesterine (Ätherextrakt)	1·5580	0·5960	0·962	
Alkoholextrakt abzüglich Fett, Zucker, Lecithin	1·5950	1·2770	0·318	
Eiweißkörper N als Serumglobulin berechnet	4·6440	3·4950	1·1490	
Nuklein	1·9160	2·1240		0·208
Bestimmte Substanz	11·1347	8·9182	2·6857	0·4692
Trockensubstanz	13·4000	11·40000	2·0000	
Unbestimmt	2·2653	2·4818		0·2165

Bei oberflächlichem Vergleich der gebildeten und verloren gegangenen Substanzmengen ist bereits zu ersehen, daß die Elementarbestandteile der letzteren nicht ausreichen konnten, um die entstandenen Körper aufzubauen. Aus 0·26 grm verschwundenem Lecithin und Glykogen konnten z. B. nicht 1 grm Fett und Zucker geworden sein. Allein schon diese Gewichtsunterschiede zwischen den gebildeten und verschwundenen Substanzen zeigen, daß den Puppen noch aus einer anderen Quelle die Elemente zum Aufbau ihrer Körpersubstanz zugeflossen sein mußten. Da aber die Puppen während ihrer Ruhezeit keine Nahrung aufnehmen, so bleibt die Annahme unabweislich, daß die Versuchspuppen den fehlenden C, H, N, O aus der sie umgebenden Atmosphäre entnommen haben.

Die Substanzanalyse hat gezeigt, daß es sich um die Bildung von Körpern aus den Gruppen des Eiweißes der Fette und der Kohlenhydrate handelt. Die Menge des Eiweißüberschusses der Versuchspuppen ist gegeben durch den Überschuß an wasserlöslichem Stickstoff, wovon ein Teil der durch neutrales Kupfersulfat fällbare, den eigentlichen Eiweißkörpern, ein anderer Teil, der durch neutrales Kupfersulfat nicht fällbare Stickstoff den Umwandlungsprodukten der Eiweißkörper entspricht. Ich berechne die gebildeten Eiweißkörper als Serumglobulin, das bei Insekten nachgewiesen worden ist und in bezug auf seinen Gehalt an C und N ungefähr die Mitte hält.

Der N-Überschuß, der sich durch die Substanzanalyse ergeben hat, beträgt zusammen 0·182^{grm}, von diesen fallen 0·144^{grm} auf durch neutrales Kupfersulfat fällbare und 0·038^{grm} auf nicht fällbare Eiweißkörper. Als Serumglobulin berechnet ergibt dieser N-Überschuß einen Eiweißzuwachs der Versuchspuppen von 1·1490^{grm} (vgl. S. 141). Da indessen aus der Bestimmung des Gesamtstickstoffs beider Puppenserien hervorgeht, daß die Versuchspuppen nur um 0·111^{grm} an Stickstoff reicher sind als die Kontrollpuppen, so müssen bei der Bildung der überschüssigen Eiweißkörper auch die im Puppenkörper zerfallenen stickstoffhaltigen Substanzen ihren Stickstoff zu dem Aufbau der im Puppenkörper vermehrten N-haltigen Substanzen geliefert haben. Im Nuklein (S. 141) sind, wie die folgende Zusammenstellung zeigt, 0·032^{grm}, im verschwundenen Lecithin (S. 141) 0·02329^{grm} N enthalten, durch den Abbau dieser beiden Substanzen können somit dem Puppenkörper 0·05529^{grm} Stickstoff zu anderer Verwendung zur Verfügung gestanden haben. Es waren 0·182^{grm} N zur Bildung des überschüssigen Eiweißes verwendet worden; ziehen wir davon die aus den verschwundenen Substanzen stammenden Stickstoffmengen ab, so bleiben 0·12671^{grm} übrig, von denen aber nur 0·111^{grm} aus der Luft entnommen sein können und 0·01571^{grm} noch aus den Körper selbst gewonnen sein müssen. Die Zusammenstellung der gebildeten und verlorenen Substanzen im Körper der Versuchspuppen zeigt uns, daß außer den in der Analyse bestimmten Körpern bei den Versuchspuppen ein Fehlbetrag von 0·2145^{grm} einer unbestimmten Substanz zu verzeichnen war. In diesem nicht näher seiner Zusammensetzung nach bekannten Rest sind die wasser-, alkohol- und ätherunlöslichen Gerüstsubstanzen enthalten, dieser Rest besteht demnach jedenfalls seiner Hauptmasse nach aus Chitin, oder dem von Griffith bei Schmetterlingspuppen gefundenen Pupin. Im Chitin ist der Stickstoffgehalt = 12·5 Prozent, im Pupin = 10 Prozent. In der fraglichen Substanz müßten in 0·2145^{grm} Substanz 0·01571^{grm} N enthalten sein. Das

Verhältnis des Stickstoffes zu 100 grm Substanzmenge ist hier = 13 Prozent. Es handelt sich somit um einen Körper, der in bezug auf seinen Stickstoffgehalt am meisten dem Chitin entspricht, der jedenfalls bedeutend stickstoffreicher ist als das Pupin.

Berechnen wir den fehlenden Restkörper als Chitin, so ergibt sein N-Gehalt 0·01641 grm, eine Menge, die den zur Eiweißbildung fehlenden Stickstoff noch um 0·0007 grm übertrifft, eine Differenz, die in die Fehlergrenze fällt.

Auf Grund dieser Ausführungen kommen wir zu dem Schlusse, daß die Versuchspuppen 1·149 grm Eiweiß gebildet haben und dafür $^4/_5$ des Stickstoffes aus der Luft entnehmen mußten, da die durch Umwandlung der Körpersubstanzen selbst verfügbar gewordenen Stickstoffmengen nicht mehr als $^1/_5$ des verbrauchten Stickstoffs betragen.

Wieviel Kohlenstoff, Sauerstoff und Wasserstoff bei der Bildung des Eiweißes außerdem verbraucht worden ist, ergibt die folgende Zusammenstellung:

Gebildet:	C	H	N	O
1·149 g Eiweiß	0·6053	0·08259	0·182	0·2678
Verloren:				
0·210 g Nuklein	0·07837	0·00884	0·0320	0·07081
0·2088 g Lecithin	0·13660	0·00362	0·02329	0·03720
0·2145 g Chitin	0·06799	0·01758	0·01641	0·11260
Zusammen	0·28296	0·03004	0·07170	0·22061
Verbraucht	0·6053	0·08259	0·182	0·2678
Gewonnen	0·28296	0·3004	0·07170	0·22061
Aus der Luft assimiliert	**0·32234**	**0·05255**	**0·1103**	**0·04719**

Die Elementaranalyse ergab einen Überschuß:

	C	H	N	O
Für Eiweiß	1·1570	0·1650	0·1110	0·49600
Verbraucht	0·32234	0·05255	0·1103	0·04719
Rest	0·83466	0·11245	0·0007	0·44881

Aus dieser Zusammenstellung ist zu ersehen, daß über die Hälfte des in dem gebildeten Eiweiß enthaltenen Kohlenstoffes aus der Luft assimiliert sein muß, wenn wir annehmen wollten, daß aller in den verloren gegangenen Substanzen enthalten gewesene Kohlenstoff zur Bildung der Eiweißkörper beigetragen haben würde.

Wenn wir die zur Eiweißbildung verbrauchten Elemente, von den in der Elementaranalyse als Zuwachs bezeichneten Elementarbestandteilen der Versuchspuppen abziehen, so bleibt ein Rest, der in dem Zuwachs, den die Versuchspuppen an Körpern aus der Fett- und Kohlehydratgruppe erfahren haben, enthalten sein muß.

Der Ätherextrakt beträgt 0·962 grm. Da wir das Lecithin bereits abgezogen hatten, so sind in demselben nur noch die Fette und Cholesterin enthalten. An Zucker wurde von den Versuchspuppen 0·172 grm gebildet. Dafür verloren sie an Glykogen 0·0524 grm.

	C	H	O
Der gebildete Zucker enthält	0·06880	0·01147	0·09173
das verlorene Glykogen „	0·02329	0·003235	0·02588
es wurde aus der Luft entnommen	0·04551	0·008235	0·06587

	C	H	O
Es bleibt danach für Fettbildung	0·83466	0·112450	0·44881
davon geht ab der Zucker	0·04551	0·008235	0·06587
es bleibt zur Fettbildung	0·78915	0·104215	0·38294

Da nun in den Ätherextrakt sowohl die Fette wie auch die Cholesterine übergehen, so wird es sich fragen, ob wir es hier mit der einen oder anderen Substanz, oder mit einer Mischung beider zu tun haben.

Im Olein, um das es sich hier handeln könnte, besteht zwischen dem C und H das Verhältnis von 1:6·58, im Cholesterin wie 1:7·042. In der fraglichen Substanz kommen 7·418 Gewichtsteile Wasserstoff auf einen Gewichtsteil Kohlenstoff. Kohlenstoff und Wasserstoff stehen somit hier annähernd in demselben Verhältnis wie im Cholesterin. Das Cholesterin ist aber eine an Sauerstoff arme Substanz, es enthält davon nur 4·14 Prozent, während die uns zur Berechnung vorliegende Substanz an Sauerstoff sehr reich ist und einen O-Gehalt von 32·15 Prozent aufweist. Wir haben es also jedenfalls mit einem Gemisch von Körpern zu tun, in dem die Gewichtsteile des Wasserstoffes und Kohlenstoffes sich ähnlich verhalten wie im Cholesterin, von denen aber der eine besonders sauerstoffreich ist. Von Fetten oder Fettsäuren, die dieser letzteren Forderung entsprechen, ist es die Ameisensäure, die hier in Betracht kommen könnte, und die auch bei Lepidopteren nachgewiesen worden ist. Nehmen wir an, die fragliche Substanz wäre eine Mischung von gleichen Teilen Cholesterin und Ameisensäure, so würden in 100 Teilen enthalten sein:

Cholesterin:		Ameisensäure:	Mischung:	Fragliche Substanz:
C	83·94	26·09	55·02	59·79
H	11·92	4·35	8·13	8·06
O	4·17	69·56	36·85	32·15
	100·00	100·00	100·00	100·00

Die Übereinstimmung der Zusammensetzung dieser Mischung mit der Zusammensetzung der zu bestimmenden Substanz ist so groß, daß mir die Annahme, daß es sich hier wirklich in dem ätherlöslichen Körper um eine Mischung von Cholesterin mit der Ameisensäure handelt, nicht unberechtigt erscheint. Auf 0·962 grm Ätherextrakt berechnet, ergibt sich ein Aufwand an C, H, O von:

C	H	O
0·52930	0·07821	0·3545

bringen wir diese Werte von dem übrigen C, H, O in Abzug, so bleibt als Rest:

	C	H	O
	0·78915	0·104215	0·38294
	0·25930	0·078210	0·35450
bleibt für 0·318 grm Alkoholextrakt	0·25985	0·026015	0·02844

Addiert ergeben die restlichen Gewichtsteile an C, H, O 0·314 grm, somit annähernd das Gewicht der noch zu bestimmenden Substanz. Schwieriger ist es, einen Ausdruck für den im Alkoholextrakt enthaltenen Körper zu finden. Die Substanz ist nicht ätherlöslich, da diese ja bereits mit dem Ätherauszug in Abzug gebracht wurde, es kann sich also um keinen Fettkörper handeln. Kohlenstoff- und Wasserstoffgehalt verhalten sich in demselben wie 1 : 10, Kohlenstoff- und Sauerstoffgehalt wie 1:9. In Gewichts-Prozenten berechnet, setzt sich die fragliche Substanz aus 83 Prozent C, 8 Prozent H, 9 Prozent O zusammen.

Fassen wir die vorstehenden Ergebnisse zusammen, so ergibt sich: Die Versuchspuppen (CO_2-Puppen) hatten an Substanzen mehr gebildet als die Kontrollen besaßen und dabei verbraucht:

		C	H	N	O
Eiweiß	1·149 grm	0·6053	0·08259	0·182	0·2678
Zucker	0·172 „	0·0688	0·01147		0·09173
Fett	0·962 „	0·5293	0·07821		0·35450
Alkoholextrakt	0·318 „	0·25985	0·02601		0·02844
Organische Substanz	2·601 „	1·46325	0·19828	0·182	0·74247

Die Versuchspuppen (CO_2-Puppen) hatten verloren:

		C	H	N	O
Nukleine	0·210 grm	0·07837	0·00884	0·0320	0·07081
Lecithin	0·2088 „	0·13660	0·00362	0·02329	0·03720
Chitin	0·2145 „	0·06799	0·01758	0·01641	0·11260
Glykogen	0·0524 „	0·02329	0·00323		0·02588
Organische Substanz	0·6857 „	0·30625	0·03327	0·07170	0·24648

Die Versuchspuppen (CO_2-Puppen) hatten also durch Assimilation der Elementarbestandteile aus der Luft gebildet:

		C	H	N	O
Eiweiß	0·7003 grm	0·3691	0·05037	0·111	0·1634
Zucker	0·1138 „	0·04551	0.00758		0·06068
Cholerestin, Fett	0·962 „	0·52930	0·07821		0·3545
Alkoholextrakt	0·318 „	0·25985	0·026015		0·02844
	2·099 „	1·20376	0·16218	0·111	0·60702

Es können dabei von im Körper schon vorhandenen Stoffen noch verwendet worden sein: C = 0·04678 und O = 0.11102 grm.

Wenn wir aus dem Plus an Stickstoff aus den beiden vorhergehenden Versuchen, bei denen nur Elementaranalysen der verschiedenen Versuchsserien vorliegen, das gebildete Eiweiß berechnen, so ergibt sich für die Versuchsserie vom Jahr 1904/5 ein N-Überschuß der Versuchspuppen von 0·370 grm, der einer Bildung von Eiweiß von 2·252 grm, als Serumglobulin berechnet, entsprechen. Da aber in diesem Jahr der ganze Zuwachs an Trockensubstanz nur 2·07 grm beträgt, so ist entweder der Wert für den Stickstoff zu hoch berechnet, oder es handelt sich um N-reichere Substanzen als das Serumglobulin. In dem folgenden Versuchsjahr 1905/6 hatten die Puppen einen Stickstoffzuwachs von 0·164, was einer Zunahme an Eiweiß von 1·034 grm entspricht, bei einer Trockensubstanzzunahme von 2·00 grm. Es ist also auch in diesem Versuchsjahr etwas mehr Eiweißkörper gebildet worden als im folgenden 1906/7. Wenn wir den C, O, H-Gehalt für eine Eiweißmenge von 1·034 grm ausrechnen, so haben die Versuchspuppen von 1905/6 von ihrem Überschuß an Elementarbestandteilen dazu verwendet:

	C	H	N	O
Eiweiß 1·034 grm enthält	0·5454	0·07442	0·164	0·2413

Es bleibt für die Bildung anderer nicht N-haltiger Körper noch übrig:

	C	H	O
Die Elementaranalyse ergab	1·313	0·218	0·305
davon ab für Eiweiß	0·5454	0·07442	0·2413
bleibt für Fette und Kohlenhydrate	0·7676	0·1436	0·0637

Nehmen wir an, es wären nur Fette gebildet worden, eine Annahme, die mir wegen des relativ hohen Kohlenstoff- und Wasserstoffgehaltes der restlichen Substanz nicht unwahrscheinlich vorkommt, so hätte aus 0·7676 grm Kohlenstoff eine Ölsäuremenge von 1·002 grm entstehen können. Dazu waren nötig:

C	H	O
0·7676	0·1208	0·1137

Es blieben also übrig 0·0228 H, und es müßten aus dem Zerfall sauerstoffreicher Substanzen aus dem Körper entnommen sein 0·05 grm O.

Da in den früheren Versuchen keine Substanzanalysen gemacht worden sind, so lassen sich natürlich keine genauen Berechnungen anstellen, um zu erfahren, welche Körper aus dem der Luft entnommenen Stickstoff und Kohlenstoff gebildet worden sind, es läßt sich nur aus dem Ergebnis der Elementaranalysen und, wenn wir diese mit dem Resultat der Substanzanalysen des letzten Versuches vergleichen, schließen, daß in jedem Versuchsjahr die in kohlensäurereicher Atmosphäre erzogenen Versuchspuppen erhebliche Mengen von Eiweiß- und Fettkörpern gebildet haben, wozu sie die Elementarbestandteile aus der ihnen zur Verfügung stehenden Atemluft und dem Wasser, mit dem sie benetzt wurden, entnehmen mußten.

Berechnungen.

1. Eiweißkörper: 0·182 grm Stickstoff entsprechen einer Serumglobulinmenge von:
Serumglobulin = C52·71 H7·01 N15·85 02332 S1·1.

$15{\cdot}85 : 0{\cdot}182 = 100 : x. \quad x = \frac{100.0{\cdot}182}{15{\cdot}85}$ L18·2 = 1·26007
L15·85 = 1·20003
nl = 0·06004 = 1·149

0·182 grm N entsprechen 1·149 grm Serumglobulin.
In 1·149 grm Serumglobulin sind enthalten:

L 1·149 = 0·06004
L52·71 = 1·72189
$nl = 1{\cdot}78193 = \frac{60{\cdot}53}{100}$
L 1·149 = 0·06004
L23·32 = 1·36773
$nl = 1{\cdot}42777 = \frac{26{\cdot}78}{100}$

L1·149 = 0·06004
L7·01 = 0·85687
$nl = 0{\cdot}91691 = \frac{8{\cdot}259}{100}$
L1·149 = 0·06004
L1·10 = 0·04139
$nl = 0{\cdot}10143 = \frac{1{\cdot}263}{100}$

C = 0·60530
H = 0·08259
N = 0·18200
D = 0·26780
S = 0·01263
1·15032

2. Nuklein: 0·032 grm Stickstoff entsprechen einer Nukleinmenge von:
Nuklein = in % C37·32 H4·21 N15·24 O33·59 P9·62.

$15{\cdot}24 : 0{\cdot}032 = 100 : x. \quad x = \frac{0{\cdot}032.100}{15{\cdot}24}$ L 3·2 = 0·50515
L15·24 = 1·18298
nl = 9·32217 = 0·2100 grm

0·032 grm N entsprechen 0·2100 grm Nuklein.
In 0·2100 grm Nuklein sind enthalten:

L37·32 = 1·57194
L 0·210 = 0·32217 − 1
nl = 0·89411 = 0·07837
L33·59 = 1·52621
L 0·210 = 0·32217 − 1
nl = 0·84838 = 0·07081

L4·21 = 0·62428
L0·210 = 0·32217 − 1
nl = 0·94645 = 0·00884
L9·62 = 0·98318
L0·210 = 0·32217 − 1
nl = 0·30535 = 0·02000

C = 0·07837
H = 0·00884
N = 0·03200
O = 0·07081
P = 0·02000

0·21002

Lecithin: C44 H90 NPO9.

In 0·2088 grm Lecithin sind enthalten:

C = 528	C = 0·13660
H = 90	H = 0·02329
N = 14	N = 0·00362
O = 144	O = 0·03720
P = 31	P = 0·00802
807	0·20873

log 0·2088	= 0·31973 — 1	log 0·2088	= 0·31973 — 1
log 528	= 2·72263	log 90	= 1·95424
	2·04236		1·27397
log 807	= 2·90687	log 807	= 2·90687
	nl 9·13549 = 0·13660		nl 8·36710 = 0·02329
log 0·2088	= 0·31973 — 1	log 0·2088	= 0·31973 — 1
log 14	= 1·14613	log 144	= 2·15836
	0·46586		1·47809
log 807	= 2·90687	log 807	= 2·90687
	nl 7·55899 = 0·003622		nl 8·57122 = 0·0372

log 0·2088	= 0·31973 — 1
log 31	= 1·49136
	0·81109
log 807	= 2·90687
	nl 7·90422 = 0·008021

Chitin: In 0·2145 grm sind enthalten:

Chitin = C = 116	C = 0·06799
H = 30	H = 0·01758
N = 28	N = 0·01641
O = 198	O = 0·11260
366	0·21458

log 0·2145	= 0·33143 — 1	log 0·2145	= 0·33143 — 1
log 116	= 2·06446	log 30	= 1·47712
	1·39589		0·80855
log 366	= 2·56348	log 366	= 2·56348
	nl 8·83241 = 0·06799		nl 8·24507 = 0·01758
log 0·2145	= 0.33143 — 1	log 0·2145	= 0·33143 — 1
log 28	= 1·44716	log 192	= 2·28330
	0·77859		1·61473
log 366	= 2·56348	log 366	= 2·56348
	nl 8·21511 = 0·01641		nl 9·05125 = 0·1126

Glykogen: n(C6 H10 O5) in 0·0524^{grm} sind enthalten:

C = 72	C = 0·02329
H = 10	H = 0·003235
O = 80	O = 0·025880
162	0·052405

log 0·0524 = 0·711933 — 2	log 0·0524 = 0·711933 — 2
log 72 = 1·85733	log 10 = 1·00000
0·57666	0·72933 — 1
log 162 = 2·20952	log 162 = 2·20952
nl 8·36714 = 0·02329	nl 7·50981 = 0·00323

log 0·0524 = 0·711933 — 2
log 80 = 1.90309
0·62242
log 162 = 2·20952
nl 8·41290 = 0·0258

Zucker: C6 H12 O6, in 0·172^{grm} Zucker sind enthalten:

C = 72	C = 0·06880
H = 12	H = 0·01147
O = 96	O = 0·09173
180	0·17200

log 0·172 = 0·23553	log 0·172 = 0·23553
log 72 = 1·85733	log 12 = 1·07918
1·09286	0·31471
log 180 = 2·25527	log 180 = 2·25527
nl 8·83759 = 0·06880	nl 8·05944 = 0·01147

log 0·172 = 0·23553
log 96 = 1·98227
1·21780
log 180 = 2·25527
nl 8·96253 = 0·09173

Zusammenfassung und Schlußfolgerung.

Ergebnisse der Untersuchungen.

In den vorstehenden Untersuchungen sollte die Frage entschieden werden, ob die Puppen und Raupen von Schmetterlingen befähigt seien, die in der Atmosphäre enthaltene Kohlensäure gleich den Pflanzen in ihrem Körper aufzunehmen und in ähnlicher Weise wie diese, den Kohlenstoff zum Aufbau organischer Substanzen zu verwerten. Es hat sich durch die gasanalytische Methode nachweisen lassen, daß bei den Puppen vom Segelfalter, vom Wolfsmilchschwärmer und ebenso bei den Raupen vom Brennesselwickler und kleinen Fuchs in kohlensäurereicher Atmosphäre Kohlensäure absorbiert und unter geeigneten Bedingungen Sauerstoff abgegeben wurde. Diese Sauerstoffabgabe bei vorausgehender oder gleichzeitiger Kohlensäureabsorption legt den Gedanken nahe, daß die Kohlensäure hier in ähnlicher Weise eine Spaltung erfährt wie bei der Pflanze. Sie läßt vermuten, daß auch der Insektenorganismus imstande ist, die Kohlensäure mit Hilfe fremder oder eigener Energie in Kohlenstoff und Sauerstoff zu zerlegen. Ferner wurde sowohl auf gasanalytischem Wege wie auch durch die Engelmannsche Bakterienmethode und die Hoppe-Seylersche Hämoglobinmethode gezeigt, daß die Abspaltung des Sauerstoffs sich vorzugsweise bei Tag vollzieht, daß das Insekt, ebenso wie die Pflanze, die Lichtenergie benützt, um in seinem Organismus diesen Reduktionsprozeß auszuführen. Als Folge einer derartigen assimilatorischen Tätigkeit hat sich bei den Puppen Gewichtszunahme und eine Steigerung ihres Kohlenstoffgehaltes ergeben.

Es wurde ferner gefunden, daß die Puppen in kohlensäurereicher Luft außer dem Kohlenstoff auch Stickstoff aus der Atmosphäre aufnehmen und daß ihr Organismus dadurch eine erhebliche Bereicherung an stickstoffhaltigen Substanzen erfahren kann. Die hier untersuchten Insekten nahmen somit Kohlenstoff und Stickstoff, Wasser- und Sauerstoff in sich auf, um daraus organische Substanz zu bilden, sie zeigten sich befähigt in der Zeit, in welcher ihnen jede andere Nahrungszufuhr versagt ist, die für den Aufbau des neuen Organismus nötigen Stoffe aus der Atmosphäre zu schöpfen und so nicht nur einen großen Teil der durch Atmung verbrauchten Substanzen zu ergänzen, sondern auch ihren anfänglichen Gehalt an Trockensubstanz zu vergrößern. Dieses Verhalten erinnert uns lebhaft an den Assimilationsprozeß der Pflanze, der dort allerdings in noch viel ausgiebigerer Weise zu einer Vermehrung der Trockensubstanz führt. Die bei diesem Assimilationsprozeß gebildeten Stoffe waren: Eiweiß, Fett und Kohlehydrate.

Die äußeren Bedingungen, welche die Kohlensäureaufnahme regeln und beeinflussen, die Art und Weise, wie die Kohlensäure im Insektenorganismus verarbeitet wird, bietet uns ebenfalls eine Reihe von Analogien mit dem Assimilationsprozeß der Pflanze.

Wenn wir die Assimilationsintensität von Schmetterlingspuppe und Pflanze vergleichen, so ist sie bei der Pflanze größer, wenigstens den Segelfalterpuppen gegenüber. Die Ergebnisse mit den Puppen des Wolfsmilchschwärmers und die Assimilationswerte bei den Wicklerraupen deuten indessen an, daß auch bei den Insekten die Intensität des Assimilationsprozesses bedeutenden individuellen Schwankungen unterworfen ist. Wie groß die Schwankungen sein können, ergibt sich am deutlichsten, wenn wir die maximalen Beträge der absorbierten Kohlensäure und des abgegebenen Sauerstoffs miteinander vergleichen:

Für 20 grm Puppensubstanz und 12 Stunden Versuchsdauer berechnet, erhalten wir bei Serie II vom Segelfalter ein Absorptionsmaximum von Kohlensäure von 3·06 ccm

von Kohlensäure von	3·06 ccm
bei Serie III ergibt sich als Maximum	12·12 „
bei der Brennesselpflanze ergibt sich als Maximum	85·39 „
bei den Wolfsmilchschwärmerpuppen ergibt sich als Maximum	38·00 „
bei den Wicklerraupen ergibt sich als Maximum	1069·00 „

Für die Sauerstoffabgabe erhalten wir die Maxima in gleicher Weise berechnet:

Segelfalterpuppen Serie II	4·93 ccm
„ „ III	10·97 „
Brennesselpflanze	71·89 „
Wolfsmilchschwärmerpuppe	105·40 „
Brennesselwickler	1157·00 „

Mit der höheren assimilatorischen Tätigkeit finden wir fast regelmäßig eine höhere respiratorische Tätigkeit verbunden, was aus den Werten für Sauerstoffaufnahme und Kohlensäureabgabe bei den Nachtversuchen hervorgeht. Für 20 grm Puppen und 12 Stunden Versuchsdauer waren die maximalen Werte:

	Für die Sauerstoffaufnahme:	Für die Kohlensäureabgabe:
Segelfalterpuppen Serie II	5·97	4·94
„ „ III	8·52	10·18
Brennessel	59·82	123·8
Wolfsmilchschwärmerpuppen	6·11	7·13
Brennesselwickler	199·16	120·30

Mit Ausnahme der Wolfsmilchschwärmerpuppen ordnen sich die untersuchten Organismen nach ihren maximalen Leistungen in der Atmung in derselben Reihenfolge an, wie vorher bezüglich der Assimilation. Auch in den assimilatorischen Durchschnittswerten ist die Pflanze den beiden Segelfalterpuppenserien weit überlegen, den Puppen vom Wolfsmilchschwärmer möglicherweise nicht, doch fehlt uns hier eine größere Versuchsreihe, um Bestimmtes aussagen zu können.

Für die Absorption des Stickstoffs zeigt sich die Pflanze am besten geeignet, die von ihr aufgenommenen Stickstoffmengen übertreffen bei weitem die Leistungen der Schmetterlingspuppen.

Es wird angegeben, daß das von der Pflanze bei der Assimilation abgeschiedene Sauerstoffvolumen nahezu ebenso groß sei wie das der absorbierten Kohlensäure. Derselbe Satz kann auch für den assimilatorischen Gaswechsel der Segelfalterpuppen aufgestellt werden. Bei Serie II erhielten wir als assimilatorischen Quotienten die Zahl $\frac{CO_2}{O_2}$ = **0·812**, bei Serie III = **1·028**, bei der Brennessel ergab sich $\frac{CO_2}{O_2}$ = **1·036**. Sehr klein war der assimilatorische Quotient beim Wolfsmilchschwärmer. Die Puppen hatten unverhältnismäßig viel mehr Sauerstoff abgegeben; das Verhältnis des abgegebenen Sauerstoffs zur aufgenommenen Kohlensäure war $\frac{CO_2}{O_2}$ = **0·395**. Ein ähnliches Verhalten findet sich, wie schon erwähnt, bei bestimmten Pflanzengattungen, den Succulenten, bei denen hauptsächlich während der Nacht organische Säure gebildet wird, die unter dem Einfluß des Sonnenlichtes der Spaltung anheim fällt und eine Kohlensäurequelle für die Pflanze darstellt. Auch beim **Wolfsmilchschwärmer muß** an eine Spaltung im Organismus gebildeter Kohlensäure gedacht werden, um die die Kohlensäureabsorption weit übersteigende Sauerstoffabgabe verstehen zu können, oder aber an die Umwandlung von Kohlehydraten in Fett, bei der ja ebenfalls Sauerstoff und Wasser frei wird, ohne daß es allerdings, soweit wir wissen, für gewöhnlich zu einer Abscheidung von Sauerstoff kommt.

Während beim Tier der respiratorische Quotient unter normalen Verhältnissen kleiner ist als 1, pflegt er sich bei der Pflanze meist über 1 zu erheben. Diese Verschiedenheit kommt hier bei Puppen und Brennesselpflanze sehr deutlich zum Ausdruck. In den beiden Puppenserien des Segelfalters finden wir die respiratorischen Quotienten: Serie II $\frac{CO_2}{O_2}$ = **0·998**, Serie III $\frac{CO_2}{O_2}$ = **0·986**, bei der Pflanze ergibt sich dagegen die Zahl $\frac{CO_2}{O_2}$ = **1·659**.

Hinsichtlich des nächtlichen respiratorischen Gaswechsels, es handelt sich hier ausschließlich um Nachtversuche, scheinen somit die Schmetterlingspuppen die für die normale tierische Atmung charakteristische Eigentümlichkeit zu bewahren.

Unter den äußeren Einflüssen, welche auf die Kohlensäureassimilation bei der Schmetterlingsraupe und -puppe einwirken, spielt das Licht eine Hauptrolle. Wie von der Pflanze, so wurde auch von Puppe und Raupe vorherrschend bei Tag assimiliert und bei Nacht geatmet. Besonders die Sauerstoffabgabe, die den Spaltungsvorgang der Kohlensäure anzeigt, ist von der Beleuchtung abhängig. Nur wenige Stunden Licht können bei den untersuchten Tagfalterpuppen genügen, um die während der Nacht produzierten Atmungsprodukte zu verarbeiten, um den Assimilationsprozeß in den Vordergrund treten zu lassen. Dies zeigen die Nachtversuche, in denen die Puppen nicht dunkel gelegt waren und von Sonnenaufgang an Licht und mit ihm die nötige Energie, um die Kohlensäure zu spalten, empfangen hatten. Am reinsten wird durch die Puppen vom Segelfalter der Serie III dieser Einfluß von Tag und Nacht, von Licht und Dunkel illustriert, besser sogar als durch die Versuche mit der Brennesselpflanze, denn nur einmal fand hier während eines Nachtexperimentes Kohlensäureaufnahme und Sauerstoffabgabe statt. Es wurde bereits gesagt, daß besonders die Sauerstoffabgabe von der Wirkung des Lichtes abhängt. Immerhin wird auch die Kohlensäureabsorption von der Beleuchtung in deutlicher Weise begünstigt, es macht aber den Eindruck, als ob sich dieser Prozeß auch im Dunkeln abspielen könnte. Allein nicht nur die Quantität, auch die Qualität der Beleuchtung beeinflußt bei der Schmetterlingspuppe die Kohlensäureabsorption und die Sauerstoffabgabe. Auch hier vollziehen sich beide Prozesse analog wie bei den Pflanzen, energischer unter der Einwirkung der roten Strahlen, wie unter dem Einfluß blauer Beleuchtung. Es begünstigen beim Insekt die weniger brechbaren Strahlen größerer Wellenlänge die Assimilation, die brechbareren Strahlen kleinerer Wellenlänge die Atmung, und es muß als eine höchst zweckmäßige Einrichtung betrachtet werden, daß die Puppenhüllen für die Strahlen im roten Teil des Spektrums am meisten durchlässig sind.

Von sehr großem Einfluß auf das Hervortreten der assimilatorischen Tätigkeit bei der Schmetterlingspuppe und -raupe ist ferner die umgebende Temperatur. Hohe Temperaturgrade regen den Atmungsprozeß an, so sehr, daß auch unter sonst günstigen Beleuchtungsverhältnissen die assimilatorischen Vorgänge verdeckt werden. Sehr deutlich zeigte sich diese Tatsache in einem Versuch, den ich am 20. März mit Puppen des Segelfalters der Serie II angestellt habe. Ich exponierte das Gefäß mit den Puppen den ganzen Mittag der direkten Sonne, um, wie ich meinte, besonders günstige Bedingungen für die Assimilation herzustellen. Wie erstaunt war ich, als ich gerade das Gegenteil erreicht hatte: bedeutende Kohlensäureabgabe und eine, wenn auch geringe Sauerstoffaufnahme. Genau denselben Mißerfolg hat Kreusler[1] in seinen schönen Untersuchungen über die „Assimilation und Atmung der Pflanzen“ beschrieben. Wie in Kreuslers Versuch die Pflanze, so hatten auch in meinem Experiment

---

[1] U. Kreusler, Über eine Methode zur Beobachtung der Assimilation und Atmung der Pflanzen und über einige diese Vorgänge beeinflussende Momente. *Landw. Jahrb.* VII. Jahrg. 1876. S. 944 ff.

die Puppen viel Wasser abgegeben und an Turgeszenz und Gewicht bedeutend verloren. Bei beiden Organismen, bei Pflanze und Tier, gestaltet sich somit das Verhältnis zwischen Assimilation und Atmung bei steigender Temperatur zu ungunsten des ersteren, da die Atmung bei der Pflanze, wie auch beim Tier, bis an die Lebensgrenze dauernd zunimmt. Temperaturen von 14° bis 17° C. haben sich mit als die geeignetsten erwiesen, um die Assimilationstätigkeit zu studieren, bei Pflanzen scheint das Optimum für die Assimilation zwischen 16° und 25° C. zu liegen, doch ist bei ihnen Kohlensäurezersetzung auch noch bei Graden unter Null beobachtet worden; dasselbe läßt sich auch von den Schmetterlingspuppen behaupten, auch bei ihnen fand ich Sauerstoffabgabe bei Temperaturen, die unter Null lagen. Ein weiterer, den Assimilationsprozeß bei den Schmetterlingspuppen und namentlich bei der Schmetterlingsraupe beeinflussender Faktor ist der Konzentrationsgrad der Kohlensäure in der Atmosphäre, insofern als ein höherer Kohlensäuregehalt den Atmungsprozeß, der bei den lebhaft beweglichen Tieren leicht in den Vordergrund tritt, hemmend beeinflußt. Für die weniger lebhaften Puppen des Segelfalters, wie für die Brennnesselpflanze ergaben sich keine wahrnehmbaren Unterschiede, ob der Prozentgehalt der Luft an Kohlensäure etwas höher oder niederer war, wohl aber machten sich schon kleinere Differenzen bei den Schmetterlingsraupen geltend, bei denen es eines bestimmten Kohlensäuregehaltes in der Luft bedurfte, um die Ursache gesteigerten Sauerstoffverbrauchs und erhöhter Kohlensäureproduktion, die Bewegung der Muskeln auszuschalten.

Nicht ohne Bedeutung scheint mir auch die Jahreszeit auf den Assimilationsprozeß der Schmetterlingspuppen zu sein. Die Zeit des üppigsten Pflanzenwachstums, das Frühjahr, ist auch bei der Puppe am günstigsten, um den Assimilationsprozeß zu studieren. Als ein wichtiger Faktor, der bei dem Studium der assimilatorischen Vorgänge bei den von mir untersuchten tierischen Organismen nicht zu vernachlässigen ist, hat sich auch das Alter, der Entwicklungszustand der Puppen, erwiesen, denn mit zunehmendem Alter, oder besser in der letzten Periode der Puppenentwicklung, pflegt ein Stadium einzusetzen, in dem die oxydativen Vorgänge so sehr gesteigert werden, daß sie die Assimilation völlig verdecken. Die Perioden weniger intensiver Atmungstätigkeit sind daher die für den Assimilationsprozeß günstigsten.

Es bleibt noch zu erwähnen, daß wie bei der Pflanze, so auch bei der Schmetterlingspuppe und -raupe der Wassergehalt der Atmosphäre für den Verlauf der Assimilation von großer Bedeutung ist. Bei den ersten Versuchen, die von mir im Herbst und Winter gemacht worden sind, war der Puppenbehälter vor dem Einlegen der Puppen stets sorgfältig getrocknet worden. Die Erfolge, die dabei erzielt wurden, waren viel weniger günstig als die der späteren Experimente, bei denen sich die Puppen in feuchter Atmosphäre befanden. Daß tatsächlich beim Assimilationsprozeß Wasser verbraucht wird, ist schon daraus zu ersehen, daß in Fällen ausgiebiger Assimilation die vorher feuchten Wände des Puppenbehälters dem Auge trocken erschienen, während sie mit kleinen Tröpfchen beschlagen waren, wenn die Puppen nicht oder nur schwach assimiliert hatten. Auch die rasche Gewichtszunahme der Puppen läßt darauf schließen, daß neben den gasförmigen Substanzen auch Wasser aufgenommen wird. Ganz analog sind die bei der Pflanze gemachten Befunde, und wir sehen somit, daß beide Organismen in dieser wichtigen physiologischen Leistung in derselben Weise und durch dieselben Faktoren beeinflußt werden. Im Vordergrund steht bei Pflanze und Tier die Wirkung des Lichtes, die strahlende Energie, deren beide sich bedienen, um den Kohlenstoff seiner Verbindung der Kohlensäure zu entreißen und für ihren Organismus nutzbar zu machen. Mehr wie bei der Pflanze kommt natürlich beim Tier der physiologische Zustand der Bewegung oder der Ruhe in Betracht, da in der tierischen Muskeltätigkeit eine Höhe des Sauerstoffverbrauchs und der Kohlensäureproduktion erreicht wird, die höchstens in der blühenden Pflanze ein Analogon findet. Alle Einflüsse, die bewegungshemmend oder anregend wirken, werden demnach auch günstig oder ungünstig auf den Verlauf des Assimilationsprozesses einwirken müssen, sie werden ihm Geltung verschaffen oder ihn verdecken. Dahin wirken z. B. die Temperatur und der Konzentrationsgrad der Kohlensäure in der Atemluft, und nicht weniger der Entwicklungszustand der Puppen.

Viel weniger beeinflußbar von äußeren Verhältnissen wie die Assimilation der Kohlensäure zeigt sich die des Stickstoffs. Hier scheint in erster Linie das Bedürfnis des Organismus zu entscheiden. Fast in allen Versuchen mit Schmetterlingspuppen beobachten wir eine Aufnahme des Gases, während bei den Raupenversuchen Aufnahme und Abgabe wechseln. In den Versuchen, in denen eine regelmäßige Aufnahme stattfand, zeigte sich die Stickstoffaufnahme entschieden vom Licht abhängig, bei Tag wurde, wie die Durchschnittsberechnung ergab, regelmäßig mehr Stickstoff absorbiert wie bei Nacht. Auch die Pflanze zeigte gegenüber dem atmosphärischen Stickstoff dasselbe Verhalten. Die Tatsache, daß auch in den Pflanzenversuchen von der Brennessel regelmäßig

Stickstoff absorbiert worden ist, scheint insofern auffallend, als von der Mehrzahl der Pflanzenphysiologen eine Assimilation des elementaren atmosphärischen Stickstoffs wenigstens ohne die Mithilfe von Bakterien bestritten wird. Bei den Schmetterlingspuppen ist dieses Ergebnis weniger wundernehmend, da es bereits für die verschiedensten Tiere festgestellt wurde, daß im Hungerzustand Stickstoffaufnahme stattfindet. (Vgl. Regnault u. Reiset pag. 438, 441, 452.)

Als Folgen der Kohlensäure- und Stickstoffassimilation bei Schmetterlingspuppen haben wir in erster Linie Veränderungen im Äußeren der Puppen wahrgenommen, Bildung eines karminroten Farbstoffs in den Epidermiszellen und Größenwachstum bzw. Ausdehnung der Puppen. Durch Wägungen ließ sich ferner feststellen, daß die Puppen in Kohlensäureatmosphäre beständig an absolutem Gewicht zunahmen, bis sie um den vierten Teil ihres Anfangsgewichtes schwerer geworden waren. Dieses Ergebnis ist um so überraschender, als die Puppen unter normalen Verhältnissen während ihrer Metamorphose an Gewicht bedeutend abzunehmen pflegen. Mit dem Ansteigen des absoluten Gewichtes war erst ein Fallen des spezifischen Gewichtes verbunden, dann war aber ein Steigen desselben eingetreten. Die Puppen waren am Schluß des Versuches spezifisch schwerer als am Anfang. Sie hatten Wasser aufgenommen und organische Substanz gebildet.

Als das wichtigste Resultat können wir wohl das der Elementaranalyse bezeichnen. Die in kohlensäurereicher Luft gehaltenen Puppen hatten im Vergleich zu den normal gehaltenen und bei niederer oder bei gleicher Temperatur überwinterten Tieren an Kohlenstoff, Wasserstoff, Stickstoff und Sauerstoff zugenommen. Sie hatten daraus Eiweiß, Fett und Kohlehydrat gebildet. Es bleibt noch zu entscheiden, an welche Gewebe bei der Schmetterlingspuppe und -Raupe die Assimilationsfähigkeit gebunden ist, ferner ob, wie bei der Pflanze, die in den Geweben, namentlich in den Epithelgeweben vorkommenden Pigmente, vielleicht auch die Blutfarbstoffe eine Hauptrolle bei dem Assimilationsprozeß spielen. Ich halte eine derartige Bedeutung der Farbstoffe für die Assimilation nicht für ausgeschlossen, um so mehr, da die gesteigerten, assimilatorischen Vorgänge bei der Puppe auch farbstofferzeugend wirken. Auch die Versuche mit Botys urticata, den grünen Wicklerraupen, legen die Annahme nahe, daß das in ihrem Blut enthaltene Pigment sie zur assimilatorischen Tätigkeit besonders befähigt. Sollte sich diese Vermutung als richtig erweisen, so würden die Pigmente der Schmetterlinge nicht nur ihrer Genese nach, sondern auch ihr Funktion entsprechend auf das Chlorophyll zurückführen. Es erübrigt ferner noch zu untersuchen, ob die assimilatorischen Vorgänge, namentlich bei den Puppen, die sich im Dunkeln entwickeln, durch die Anwesenheit der bei vielen Schmetterlingsarten vorkommenden Darm- und Fettkörperbakterien unterstützt werden, daß sich hier wie bei den Knöllchenbakterien enthaltenden Pflanzen (Leguminosen) eine Symbiose herausgebildet hat, durch die möglicherweise die Assimilation des Stickstoffes ermöglicht wird.

Schließlich haben wir uns noch zu fragen, ist es anzunehmen, daß sich dieselben assimilatorischen Vorgänge auch normalerweise bei Schmetterlingspuppen abspielen? Spricht das, was wir über die Physiologie der Puppenruhe wissen, gegen oder für eine solche Annahme?

Ich habe schon erwähnt, daß die Schmetterlingspuppen während ihrer Metamorphose ganz bedeutend an Gewicht abnehmen, daß dieser Gewichtsverlust hauptsächlich auf die Abgabe von Wasser, aber auch auf eine Abnahme der Trockensubstanz zurückzuführen ist.

Kellner[1], der über die Entwicklung und Ernährung des Seidenspinners chemische Untersuchungen angestellt hat, fand, daß sich das Gewicht der Puppe exklusive Kokon zu dem des fertigen Schmetterlings verhält wie 1:0·49, das Trockengewicht beider wie 1:0·65. Die Puppe verliert somit, wenn wir die Angabe Kellners zugrunde legen, die Hälfte ihres Gewichtes vorzüglich durch die Abgabe von Wasser. Von den festen Bestandteilen des Puppenkörpers unterliegt nahezu ein Drittel dem Verbrauch während der Umwandlung in den Schmetterling. In erster Linie bezieht sich der Substanzverbrauch während der Metamorphose auf die N-freien Extraktstoffe, auf die Kohlenhydrate; diese schützen nach den Ergebnissen der Kellnerschen Untersuchung das Körperfett der Puppe vor dem Einschmelzen. Es unterlag in den mitgeteilten Fällen nur der siebente Teil des Körperfettes der Konsumption. Auch die Eiweißkörper der Puppe erfuhren nur in geringem Umfang eine Zersetzung.

Wir sehen hieraus, daß während der Puppenperiode die Lebensfunktionen des werdenden Schmetterlings vorherrschend auf Kosten der Kohlenhydrate unterhalten werden. Aus den Untersuchungen Farkas[2] über die „Energetik der Ontogenesen" beim Seidenspinner ergibt sich, daß der Stoffwechsel der Puppe sich in dieser Hinsicht sowohl von demjenigen der hungernden Raupe wie auch von demjenigen des Eies unterscheidet. Das Ei und besonders die hungernde Raupe verbrauchen beide in erster Linie das Fett. Die Puppen nehmen somit in bezug auf das von ihnen verwendete Nährmaterial eine Sonderstellung ein.

---

[1] O. Kellner, Chemische Untersuchungen über die Entwicklung und Ernährung des Seidenspinners (Bombyx mori). *Landwirtschaftliche Versuchsstationen.* Bd. XXX. S. 59, und Bd. XXXIII. S. 381.

[2] R. Farkas, Beiträge zur Energetik der Ontogenese. Pflügers *Archiv.* 1903. Bd. XCVIII. S. 525.

Es ist indessen nicht ausgeschlossen, daß die Puppen dennoch mehr Fett verbrauchen als gefunden wurde, daß dieses Fett aber durch Verwandlung von Kohlenhydraten oder auf assimilatorischem Wege wieder ersetzt wird.

Zu einem ähnlichen Ergebnisse führten die Experimente Dubois, dem es darauf ankam, auch den Atmungsstoffwechsel der Seidenspinnerpuppe während der verschiedenen Perioden ihrer Metamorphose kennen zu lernen und mit den Veränderungen, die sich gleichzeitig in der stofflichen Zusammensetzung des Puppenorganismus vollziehen, in Einklang zu bringen. Dubois fand, daß mit dem Eintritt der Puppenruhe die Kohlensäureabgabe weniger groß wurde, daß eine Aufspeicherung dieses Gases in den Geweben der Puppe stattfand, was sich in einem deutlichen Sinken des respiratorischen Quotienten geltend machte. Auch die Wasserabgabe durch die Atmung war zu dieser Zeit gering. Vom 16. bis 20. Tage der Puppenruhe an stieg aber die Kohlensäureausgabe so sehr, daß sich der respiratorische Quotient von 0·50 auf 1·40 erhöhte. Die Wasserabgabe war noch immer gering. Zwei Tage vor dem Ausschlüpfen machte sich eine neue Anhäufung von Kohlensäure bemerkbar, der respiratorische Quotient ergab die Zahl 0·52; gleichzeitig erreichte die Wasserabgabe ihren Höhepunkt. Umgekehrt wurde am Tage des Ausschlüpfens selbst die Kohlensäure in großen, das Wasser in kleinen Mengen ausgeschieden. Es ist von großer Bedeutung, daß Dubois beobachten konnte, wie am Anfang der Puppenruhe und zwar zu derselben Zeit, in der Kohlensäure in den Puppengeweben angehäuft wurde, auch eine Zunahme des Glykogenvorrates im Körper zu beobachten war. Der Verfasser nimmt an, daß in dieser Zeit Fett in Glykogen übergeführt wird, und daß die Seidenspinnerpuppen ihr Leben fast ausschließlich mit dem in ihren Geweben angehäuften Glykogen und Zucker fristen. Es stimmen somit diese Ergebnisse mit den Resultaten der Kellnerschen Untersuchungen gut überein. Dubois und Couvreur suchten ferner festzustellen, welchen Einfluß es auf die Entwicklung der Schmetterlingspuppen ausübt, wenn dieselben ihrer Hülle, ihrem Kokon, entnommen werden. Bei den angestellten Experimenten an Seidenspinnerpuppen zeigten sich keine Störungen in der Entwicklung der ihres Kokons beraubten Puppen. Urech und Kellner waren in diesem Punkte zu anderen Ergebnissen gelangt; sie hatten gefunden, daß diese Operation an den Puppen nicht so ganz spurlos vorüberzugehen pflegt. Bei Gastropacha neustria, mit deren Puppen Urech experimentiert hatte, zeigte sich, daß die ihrem Kokon entnommenen Puppen weit mehr an Gewicht verloren, als die unter normalen Verhältnissen belassenen Tiere. Wie groß die Unterschiede sind, ist aus folgenden Zahlen ersichtlich:

Aus dem Kokon herausgenommene Puppen: Abnahme	Sukzessive Zeiträume in Tagen	Puppen im Kokon: Abnahme
9·42 Proz.	5	3·53 Proz.
4·31 „	3	0·72 „
3·09 „	2	0·59 „
5·28 „	3	1·17 „

Ähnliches fand Kellner und zwar schon bei Puppen vom Seidenspinner, die nicht imstande gewesen waren, sich ein fest geschlossenes Kokon herzustellen. Während bei normalen Raupen ungefähr ein Drittel der Trockensubstanz der Zerstörung unterliegt, verlieren die schwächeren Tiere mit unvollständigem Kokon bis zur Hälfte ihres Trockengewichtes.

Dubois und Couvreur versuchten auch den Einfluß eines hohen Kohlensäuregehaltes der Atmosphäre auf die Entwicklung des Seidenspinners zu studieren. Die spinnreifen Raupen starben in Kohlensäureatmosphäre nach 4 Tagen ohne sich einzuspinnen. Das Ergebnis war dasselbe, wenn die Raupen einem Strom von atmosphärischer Luft, dem 10 Prozent Kohlensäure zugesetzt war, exponiert wurden. Dagegen entwickelten sich die im Kokon eingeschlossenen Puppen auch noch in einer Atmosphäre von 10 bis 25 Prozent CO_2, nur der Falter kam nie zum Ausschlüpfen, er fand sich im ausgebildeten Zustand, aber stets tot, in der Puppenhülle.

Die eingehendsten Untersuchungen über Gewichtsveränderung und Stoffverbrauch während der Metamorphose des Seidenspinners sind in den Jahren 1903, 1904 und 1905 von Vaney und Maignon angestellt worden. Die Ergebnisse dieser Forschungen finden sich in einer 1906 bei A. Rey in Lyon erschienenen Arbeit zusammengestellt unter dem Titel: Contribution à l'étude physiologique des métamorphoses du ver à soie. Die beiden Forscher haben besonders darauf geachtet, zu ihren Experimenten möglichst gleichalterige Puppen von gleichem Geschlecht zu verwenden. In bezug auf die Gewichtsveränderung während des Puppenlebens zeigte sich, daß stets am Anfang und am Ende der Metamorphose die größten Gewichtsabnahmen eintraten: zu der Zeit, in der sich die Raupe in die Puppe und die Puppe sich in den Schmetterling verwandelt. Zahlenmäßig gestalteten sich die Verluste in folgender Weise:

1. bis 2. Tag $^1/_8$ des Gesamtgewichtes, 2. bis 3. Tag $^1/_{12}$, 3. bis 4. Tag $^1/_{17}$, 4. bis 5. Tag $^1/_{29}$, vom 15. bis 17. Tag täglich $^1/_{100}$, 17. bis 18. Tag $^1/_{10}$. Vom 18. bis 19. Tag, an dem der Falter ausschlüpfte, $^1/_5$ des Gesamtgewichtes. Außerdem ergab es sich auch, daß die ihres Kokons beraubten Tiere größere Gewichtsverluste zeigten, als die im Kokon belassenen Puppen.

Auch über den Verbrauch der einzelnen Substanzen haben die Autoren genaue Erhebungen angestellt. Sie fanden, wie es schon durch Claude Bernard 1879 für die Fliegenmetamorphose festgestellt worden war, und wie Bataillon und Couvreur 1892[1] beim Seidenspinner beobachtet hatten, daß Glukose in den Geweben der Schmetterlinge erst während des Puppenlebens aufzutreten pflegt. Die Gewebe der Raupe mit Ausnahme des Darmes sind zuckerfrei. In den ubrigen Körpergeweben trat Zuckerbildung nie vor dem Einspinnen der Raupe ein. Am höchsten war der Glukosegehalt am 9. Tage nach Bildung des Kokons, d. h. 4 Tage nach erfolgter Verpuppung. Von diesem Zeitpunkte an machte sich wieder eine Abnahme des Zuckergehaltes bemerkbar, die darauf schließen läßt, daß in diesem Zeitabschnitt der Zuckerverbrauch größer ist als die Zuckerbildung. Ein völliger Aufbrauch dieses Kohlenhydrates während der Metamorphose fand indessen nicht statt; auch in den Geweben des Falters, namentlich des weiblichen, ließen sich Glukosen nachweisen. Der Zuckergehalt der Puppengewebe ließ sich künstlich steigern, wenn die Puppen unter Öl versenkt und von der atmosphärischen Luft abgeschnitten wurden.

Wie der Zuckergehalt, so nahm auch der Glykogengehalt der Puppen in den ersten Tagen der Puppenruhe erheblich zu. Bis zum 8. Tage nach Bildung des Kokons war der Glykogengehalt größer als bei der spinnreifen Raupe; von da an, also in der zweiten Hälfte der Puppenruhe, war eine stetige Abnahme des Glykogengehaltes, ein überwiegender Verbrauch dieser Substanz zu konstatieren. Im Falter ist der Glykogengehalt größer als in den letzten Stadien der Puppenruhe, was auf eine wiederholte Neubildung dieser Substanz schließen läßt.

Das Fett unterliegt während der ganzen Metamorphose dem Verbrauch und zwar besonders stark am Anfang und am Ende der Puppenruhe. Im eben ausgekrochenen Schmetterling ist aber der Fettgehalt wieder ein so großer, daß auch hier an eine Neubildung gedacht werden muß.

Am gleichmäßigsten ist während der Puppenruhe der Verbrauch der löslichen Eiweißkörper. Diese Substanzen nehmen während der Spinnperiode rasch an Menge zu und fallen, sobald die Puppe gebildet ist, einem sich stetig steigernden Verbrauch anheim.

Für die Gewichtsabnahme der Schmetterlingspuppen kommen somit nach diesen Untersuchungen neben dem Wasserverlust hauptsächlich die Abnahme des Glykogen-, Fett- und Eiweißgehaltes des Puppenkörpers in Betracht, was den Ergebnissen der älteren Untersuchungen nicht ganz entspricht. Von großer physiologischer Bedeutung ist ferner die Feststellung,

---

[1] Bataillon et Couvreur, La fonction glycogenique chez le ver à soie pendant la métamorphose. *C. R. Soc. Biol.* 1892. p. 669.

daß bei anderen Reservestoffen wie dem Zucker und dem Glykogen in den ersten Tagen der Puppenruhe nicht nur kein Verbrauch, sondern sogar eine Neubildung zu beobachten ist. Eine andere Frage ist nun, ob zur Bildung des Zuckers und der Glykogenmengen der im Fett enthaltene Kohlenstoff Verwendung findet, oder ob die Puppe aus der bei der Atmung gebildeten, abgeschiedenen und wiederaufgenommenen Kohlensäure, also auf assimilatorischem Wege, Zucker und Glykogen aufzubauen vermag.

Die Arbeiten von Vaney und Maignon geben uns darüber Aufschluß. Wie bereits erwähnt, ergaben diese Untersuchungen, daß der Puppenorganismus während seiner Metamorphose an Fettgehalt abnimmt, und daß dem Wachsen des Kohlenhydratgehaltes ein Sinken des Fettreichtums entspricht. Ferner zeigten die Experimente über den Atmungsstoffwechsel, daß die Puppen zu der Zeit der größten Kohlenhydratbildung einen sehr niederen respiratorischen Quotienten haben, beim Segelfalter sank derselbe bis auf Null herab, d. h. aber: es wurde bei der Atmung entweder gar keine oder nur sehr wenig Kohlensäure ausgeschieden. Da aber die Kohlenhydrate sauerstoffreichere Verbindungen sind als die Fette, so kann daraus der Schluß gezogen werden, daß der von der Puppe aufgenommene Sauerstoff nur zum kleinen Teil zu Verbrennungs-, d. h. zu Abbauprozessen, und in der Hauptsache zur Bildung der Kohlenhydrate Verwendung findet, wie es ja auch bei Pflanzen geschieht, in deren Kotyledonen eine Umwandlung des im Samen enthaltenen Öles in Stärke stattfindet.

Wenn sich aber tatsächlich die im Puppenkörper entstehenden Kohlenhydrate aus den im Fettkörper der Puppe enthaltenen Fetten aufbauen, so muß die Abnahme des Fettgehaltes während der Puppenruhe in einem ganz bestimmten Verhältnis zu den gebildeten Kohlenhydraten stehen, es muß dann so viel Fett verschwunden sein, als notwendig war, um den Kohlenstoffbedarf für das entstandene Kohlenhydrat zu decken.

Nach den Analysen von Lasseigne enthält der Fettkörper des Seidenspinners ein Gemisch von Stearin- und Ölsäure; die Zusammensetzung dieser Substanzen ist: $C_{18}H_{36}O_2$ = Stearinsäure, $C_{18}H_{34}O_2$ = Ölsäure. Es ist danach in 100 ^{grm} eines Gemisches dieser beiden Substanzen rund 76 Teile Kohlenstoff enthalten. Der Prozentgehalt an Kohlenstoff des Zuckers und des Glykogens berechnet sich nach den Formeln: $C_6H_{12}O_6$ = Zucker und $C_6H_{10}O_5$ = Glykogen. In 100 Teilen Traubenzucker sind 40 Teile Kohlenstoff enthalten, in 100 Teilen Glykogen 44 Teile Kohlenstoff. Um den Kohlenstoff für 100 ^{grm} Fett zu gewinnen, müssen demnach rund 191 ^{grm} Zucker und 172 ^{grm} Glykogen verbraucht werden. Umgekehrt ergeben 52·22 ^{grm} Fett den Kohlenstoff für 100 ^{grm} Traubenzucker und 57 ^{grm} den Kohlenstoff für 100 ^{grm} Glykogen.

Um nun feststellen zu können, ob die in der Puppe gebildeten Kohlenhydrate den verschwundenen Fettmengen entsprechen, ist es notwendig, die Fettabnahme und die Kohlenhydratzunahme der Puppen miteinander zu vergleichen. Vaney und Maignon fanden für 100 Puppen berechnet eine Variation des Fett- und Kohlenhydratgehaltes, der in den beistehenden Kurven zum Ausdruck gebracht ist. Die rechtsstehenden Kurven Fig. 2, Taf. III, geben die entsprechenden Schwankungen des Kohlenstoffgehaltes der verschiedenen Substanzen an.

Man ersieht sofort, daß eine durchschnittliche Abnahme des Fettes, der Kohlenhydrate und des Eiweißes während der Puppenentwicklung erfolgt, man sieht aber auch, daß sowohl für die Kohlenhydrate wie auch für das Fett, daß, mit anderen Worten, für die Reservestoffe Neubildung und Verbrauch während des Puppenstadiums miteinander abwechseln. Namentlich ist aber aus dem Verlauf der Kohlenstoffkurve der Kohlenhydrate und des Fettes zu ersehen, daß die Zunahme der Kohlenhydrate keineswegs auf Einschmelzung von Fett zurückzuführen ist, weil in mehreren Fällen gleichzeitig, d. h. am selben Tag, eine Zunahme des Fettes und der Kohlenhydrate zu verzeichnen ist.

Auch mit einem Einschmelzen von Eiweiß und Fett, oder Kohlenhydratbildung aus Eiweißkörpern, lassen sich die Zunahmen der Reservestoffe, die namentlich in dem ersten Teil der Puppenruhe sehr auffallend sind, nicht erklären, da, wie die Kurve zeigt, bei der ziemlich stetigen Abnahme des löslichen Eiweißes der Kohlenstoffanteil zu gering ist, um die neugebildeten Mengen von Reservestoffen daraus aufbauen zu können.

Vorausgesetzt, daß die Untersuchungen von Vaney und Maignon richtige Resultate ergeben haben, woran wohl nicht zu zweifeln ist, so müssen wir notwendig zu dem Schluß kommen, daß den Seidenspinnerpuppen andere Kohlenstoffquellen während ihrer Puppenentwicklung zur Verfügung stehen, und daß sie in der Lage sind, diese Quellen auszunutzen. Die Kohlenstoffquelle, um die es sich hier allein handeln kann, ist die von den Puppen ausgegebene Kohlensäure, die durch den Kokon vor zu schneller Diffusion geschützt wird, und die Kohlensäure der Atmosphäre. Die Fähigkeit, diese Kohlenstoffquelle auszunutzen, ist, nach dem Verlauf der Kurven zu urteilen, nicht immer gleich groß; eine Ausnutzung findet am Anfang der Puppenruhe in höherem Maße statt als gegen das Ende der Verwandlung. Für diese Auffassung spricht auch, daß am Anfang der Puppenruhe, nach Dubois' und Couvreurs gasanalytischen Bestimmungen vom 1. bis 10. Tag der Puppenruhe, der respiratorische Quotient weit unter 1 liegt, daß, mit anderen Worten, in dieser Zeit eine viel kleinere Kohlensäuremenge abgegeben wird als der aufgenommenen Sauerstoffmenge entspricht. Der respiratorische Quotient schwankt nach Dubois und Couvreur in dieser Zeit zwischen 0·5 und 0·83. Auch ganz am Schluß der Verwandlung ist ein Absinken des respiratorischen Quotienten festzustellen, und dieses Absinken entspricht auch hier wieder einer Erhöhung des Fett- und Kohlenhydratgehaltes.

Wenn wir die gasanalytischen Untersuchungen von Dubois und Couvreur zugrunde legen und danach die Ausgabe an Kohlensäure-Kohlenstoff während der Puppenruhe des Seidenspinners berechnen und diesen durch Atmung verbrauchten Kohlenstoff zu dem in Reservestoffen und in löslichem Eiweiß vorhandenen addieren, so erhalten wir am Schluß der Puppenruhe Kohlenstoffwerte, die höher sind als diejenigen, die sich in den ersten Tagen der Puppenruhe ergeben haben. Mit anderen Worten: Würden die Seidenspinnerpuppen während ihrer Metamorphose gar keine Kohlensäure abgegeben haben, so wären sie am Ende ihrer Entwicklung an diesem Material reicher als am Anfang und als am 7., 8., 10., 11. Tag ihrer Entwicklung. Diese Erscheinung läßt sich nur auf die Weise verstehen, daß wir annehmen, daß auch unter normalen Verhältnissen immer wieder ein Teil der gebildeten Kohlensäure entweder ehe sie zur Abscheidung kommt, oder wenn sie abgeschieden ist, assimiliert wird. Am ersten Tag der Puppenruhe ergaben die Substanz- und Kohlensäurebestimmungen bei Vaney-Maignon und Dubois-Couvreur einen Gesamtvorrat an Kohlenstoff von 8·2 grm; am letzten Tag, ehe der Falter auskroch, war der Gesamtkohlenstoff auf 12·2 grm angewachsen, war also um 4 grm größer als am ersten Tag; es müssen somit im Lauf der Puppenentwicklung von den abgeschiedenen 6·5 grm Kohlenstoff 4 grm = $^2/_3$ wieder aufgenommen und in organische Substanz verwandelt worden sein.

Auf Grund der Vaney-Maignonschen und der Untersuchungen von Dubois-Couvreur sind wir also gezwungen anzunehmen, daß Schmetterlingspuppen auch unter normalen Verhältnissen Kohlenstoff aus der Luft assimilieren. Die Assimilationstätigkeit kommt aber hier nicht so deutlich zur Geltung, weil der Verbrauch an kohlenstoffhaltigem Material, absolut genommen, größer ist, als der Gewinn, so daß wir als Endresultat eine langsame Abnahme des Kohlenstoffvorrates im Puppenkörper erhalten. Allein schon die erheblichen Schwankungen, welche die Kurve der Reservestoffe, namentlich die der Kohlenhydrate, zeigt, macht es deutlich, daß abwechselnd eine Bildung und ein gesteigerter Verbrauch von kohlenstoffhaltigem Material stattfindet, und der Verlauf der Kohlenhydrat- und Fettkurve läßt keinen Zweifel darüber, daß die Zunahmen der Kohlenhydrate und der Fette unabhängig voneinander erfolgen und daß nicht das Fett seinen Kohlenstoff zur Bildung der Kohlenhydrate hergibt. Da die Kohlenhydratmengen großen Schwankungen unterliegen, so macht es den Eindruck, als ob gerade diese Substanzen am schnellsten gebildet und verbraucht würden, und man könnte daraus den Schluß ziehen, daß bei den Puppen der Zucker und das Glykogen als erstes Assimilationsprodukt zu betrachten ist.

Es sind noch eine Reihe von Beobachtungen nach anderer Richtung gemacht worden, die uns die Lösung der Frage, ob die Schmetterlingspuppe unter normalen Bedingungen ihr Assimilationsvermögen auszunutzen versteht, näher bringen. Wie jeder Schmetterlingszüchter weiß, ist es eine der ersten Bedingungen, um namentlich überwinternde Puppen zur Entwicklung zu bringen, daß dieselben in feuchter Atmosphäre gehalten werden. Im Trockenen aufbewahrte Puppen gehen meistens zugrunde, oder sie erfahren, wie Urech[1] feststellte, eine Verkürzung der Puppenruhe, ähnlich wie es nach den Untersuchungen von Pictet, auch bei im Raupenstadium schlecht ernährten Tieren der Fall ist.

Würde das vom Puppenorganismus aufgenommene Wasser nicht die Rolle eines Nahrungsmittels spielen, so müßte trockene Luft für die Erhaltung der Puppen mit langer Puppenruhe nur günstig sein, da durch das Aufbewahren der ruhenden Organismen im Trockenen eine „vita minima" mit geringstem Stoffverbrauch eingeleitet wird, eine vita minima, wie sie bei einer Reihe von Tieren und auch bei Pflanzen die Ruhe- und Dauerzustände kennzeichnet. Ist dagegen das Wasser unentbehrlich für die Bildung von Assimilationsprodukten, für die Ernährung des Organismus, so wird ein Mangel desselben empfindliche Schädigungen nach sich ziehen. Die große Abhängigkeit der Puppen von der Feuchtigkeit läßt auf eine derartige Verwendung des Wassers zur Bildung organischer Substanzen schließen. Wie bereits erwähnt, wurde von Urech[1] nachgewiesen, daß Wassermangel unter Umständen die Puppenruhe verkürzt, daß er den Ablauf der Lebensprozesse bei der Metamorphose in ähnlicher Weise beeinflußt, wie die Wärme. Dieses Resultat ist höchst auffallend, da Wärme im allgemeinen stoffwechselsteigernd, Trockenheit im Gegenteil die Entwicklung und die Lebenstätigkeit hemmend wirkt. Trotzdem zeigt das Experiment, daß beide sonst entgegengesetzt wirkende Agentien unter bestimmten Umständen zu einem und demselben Ergebnis führen. Unter zwei Bedingungen wäre es auch denkbar, daß Wärme und Trockenheit den Stoffwechsel der Schmetterlingspuppen in gleicher Richtung veränderten, erstens, wenn die

[1] Urech, Chemisch-analytische Untersuchungen an lebenden Raupen, Puppen und Schmetterlingen und an ihren Sekreten. *Zoologischer Anzeiger*. 1890. Bd. XIII. S. 257 und 258.

Puppen Kohlensäure assimilierten und zweitens, wenn der Moment des Auskriechens beim Schmetterling durch den Aufbrauch der in der Puppe enthaltenen ernährenden Substanzen bestimmt würde. Bei erhöhter Temperatur würden die Puppen durch den regeren Stoffwechsel, bei trockener Luft durch Verhinderung des Ersatzes der verbrannten Substanzen frühzeitiger ihre Subsistenzmittel aufgebraucht haben, in beiden Fällen müßte aus diesen Eingriffen entweder der Tod der Puppen oder eine Verkürzung der Puppenperiode folgen. Für die Richtigkeit dieses Schlusses liefern die Experimente Pictets den direkten Beweis, in denen er zeigt, daß sich vorher schlecht ernährte Tiere, deren Reservestoffvorrat ein kleinerer ist, geradeso verhalten wie andere, die durch Wärme getrieben oder durch Trockenheit ungünstig beeinflußt werden. Zugunsten einer assimilatorischen Tätigkeit der Schmetterlingspuppen spricht auch die Abhängigkeit vieler Arten vom Licht. Es sind vor allem die Puppen aus der Familie der Tagfalter, besonders der Papilioniden, dann auch die der Psychiden, die zu ihrer Entwicklung der Sonne bedürfen. Sonne und Feuchtigkeit bilden aber andererseits für assimilierende Pflanzen die besten Bedingungen für ihr Gedeihen. Die Wirkung der Sonnenstrahlen wird durch die Puppenhüllen der Schmetterlinge in keiner erheblichen Weise beeinträchtigt, da dieselben, selbst wenn sie, wie bei den Sphingiden, eine beträchtliche Dicke besitzen, doch noch für die für den Assimilationsprozeß wichtigsten roten Strahlen durchlässig sind, wie leicht auf spektroskopischem Wege nachgewiesen werden kann. ... Während also für die Puppen sehr vieler Tagfalter gesagt werden kann, daß die günstigsten Assimilationsbedingungen auch gleichzeitig die günstigsten Lebensbedingungen für sie darstellen, treffen wir bei einer großen Zahl von Schmetterlingspuppen Verhältnisse an, die einen photosynthetischen Vorgang, eine etwaige Kohlensäureaufnahme und Zersetzung von vornherein ausschließen. Ich meine alle jene Puppen, die, wie z. B. der Totenkopf, ihr Puppenleben in Erdhöhlen oder Erdkokons verbringen, wo kein Sonnenstrahl eindringt, um ihnen die zur Ausführung der Kohlensäurespaltung notwendige Energie zu leihen. Sollten auch diese Puppen fähig sein, zu assimilieren? Wir haben bei unseren Versuchen gesehen, daß sogar bei Tagfalterpuppen und ebenso bei der Brennesselpflanze, in einigen Fällen auch bei Nacht, wenn die Puppenbehälter in einer Schublade ganz im Dunkeln aufbewahrt waren, Aufnahme und Spaltung von Kohlensäure beobachtet wurde, und wir werden uns fragen müssen, ob am Ende schon die bei der Atmung frei werdenden Energiemengen genügen, um einen Teil der von der Puppe ausgeatmeten Kohlensäure wieder aufzunehmen und zu spalten, oder ob hier Bakterien den Assimilationsprozeß vermitteln? Ähnlich wie es von Hueppe[1] zuerst für nitrifizierende Bakterien nachgewiesen worden ist. Würde die Puppe aus den sich in ihrem Organismus abspielenden Oxydationsvorgängen die nötige Kraft gewinnen können, um den ausgegebenen Kohlenstoff wieder in sich zu fixieren, so hätten wir hier einen Fall von einer Ökonomie des Stoffwechsels vor uns, wie er wohl bei keinem anderen Tiere angetroffen wird. Unter dieser Voraussetzung müßte die kohlensäurereichere und gleichmäßigere feuchte Bodenluft den denkbar günstigsten Aufenthaltsort für assimilierende Puppen darstellen. Daß es für die Schmetterlingspuppe nicht gleichgültig ist, ob sie sich in einer kohlensäureärmeren oder kohlensäurereicheren Atmosphäre befindet, zeigen die Beobachtungen Kellners[2] und Urechs, aus denen hervorgeht, daß Puppen, die keinen abgeschlossenen Kokon herstellen konnten, und solche, die aus ihrem Kokon herausgenommen werden, viel mehr von ihrer Trockensubstanz während der Metamorphose verlieren als normale. Wir wissen aber durch die Untersuchungen Regnards[3], daß die Atmosphäre des Seidenspinnerkokons 2 Prozent CO_2 enthält, und es scheint mir dieser Befund ein schlagender Beweis dafür zu sein, daß die Puppen jedenfalls einen Teil ihrer ausgegebenen CO_2, wenn ein Diffundieren verhindert wird, wieder aufzunehmen vermögen. Wenn es auch bei einem derartig haushälterischen Stoffwechsel wohl kaum zu einer Gewichtszunahme kommen kann, so ist es doch zu verstehen, daß Puppen teils ausnahmsweise, teils regelmäßig mehrmals überwintern, daß sie sogar bis zu 7 und 8 Jahren im Puppenzustand, also ohne feste Nahrung aufzunehmen, lebend verharren können. Auch die Ergebnisse meiner Respirationsversuche in atmosphärischer Luft sprechen nicht dagegen, daß die Puppen auch unter normalen Verhältnissen assimilieren. Es ergab sich z. B., daß Puppen, die sich in atmosphärischer Luft befanden, bei Nacht durchschnittlich erheblich mehr Kohlensäure abgaben, wie bei Tage. Die Respirationstätigkeit der Puppen war also durch das Licht beeinflußbar, und zwar gerade in der Weise, wie es zu erwarten sein mußte, falls von den Puppen bei Tage nicht nur geatmet, sondern auch assimiliert wurde, in derselben Weise, wie wir es von der Pflanze kennen. In Versuch Nr. 143 finden wir sogar bei den grünen Raupen von Botys urticata bei Tage in atmosphärischer Luft eine, wenn auch geringe Vermehrung des Sauer-

[1] Hueppe, Über Assimilation der CO_2 durch chlorophyllfreie Organismen. *Archiv für Anatomie und Physiologie.* 1905. Physiol. Abtlg. Suppl.-Bd. S. 33—61.

[2] Kellner, Chemische Untersuchungen über die Ernährung und Entwicklung des Seidenspinners (Bombyx mori). II. *Die landwirtschaftlichen Versuchsstationen.* Bd. XXXIII. S. 381—392.

[3] M. T. Regnard, Sur la qualité de l'air contenu dans les cocons de vers à soies. *Compt. Rend. soc. Biol.* 1888. T. XL. p. 787—788.

stoffs. Auch die Bakterienmethode bestätigte diesen Befund und zeigte sowohl für die Botys urticata-Raupen, wie für die Pflanze Sauerstoffabgabe an. Dasselbe Resultat ergab die Prüfung von Schmetterlingspuppen nach der Hoppe-Seylerschen Hämoglobinmethode.

Es erscheint mir danach unzweifelhaft, daß die Schmetterlingspuppen imstande sind, auch unter normalen Verhältnissen, wenn sie sich in atmosphärischer Luft befinden, aus ihrem Assimilationsvermögen Nutzen zu ziehen und daß sie es auf diese Weise vermögen, besonders bei langer Puppenruhe wenigstens einen Teil der zerfallenden Körpersubstanz wieder zu ersetzen. Nur bei einer derartigen Ökonomie des Stoffes und der Kraft ist es auch zu begreifen, daß Puppen in einem vielleicht auf das Doppelte ausgedehnten Winterschlaf nicht ihren ganzen Vorrat an Brennmaterial, der auf eine viel kürzere Zeit berechnet war, verbrauchen und auch dem Schmetterling noch Stoff und Energie zur Entwicklung einer reichen Nachkommenschaft mitgeben können.

Weitere Untersuchungen werden lehren, wie weit die Schmetterlingspuppen dieses Vermögen, Kohlensäure zu absorbieren und zu spalten, ausnutzen. Weitere Versuche werden aber auch noch dartun, daß das Assimilationsvermögen der Kohlensäure im Tierreich eine viel größere Rolle spielt, als heute noch angenommen wird. Schon wenn wir die jetzt bekannten Fälle zusammenfassen, in denen Kohlensäureaufnahme und Fixierung, sei es auch nur zur Bildung von Karbonaten, die wie bei manchen Krabben (Gonoplax) in den Panzer abgeschieden werden, nachgewiesen worden ist, so führen uns die Spuren dieser Fähigkeit von den einzelligen Tieren hinauf bis zu den Crustaceen und Insekten. Sehr wahrscheinlich ist auch die Beobachtung von Pater Gredler, daß Schnecken während des Winterschlafs zunehmen, auf eine Bereicherung, vielleicht auch auf eine Verwertung der gebildeten Kohlensäure zurückzuführen, auf eine Verwertung bei der Bildung von Schalensubstanz oder aber von Reservestoffen. Nicht weniger beachtenswert sind die Ergebnisse der Untersuchungen von Raphaël Dubois, die uns lehren, daß die zuerst von Valentin beobachtete Gewichtszunahme der Murmeltiere im Winterschlaf ebenfalls auf eine Bereicherung sämtlicher Gewebe und des Blutes dieser Tiere an Kohlensäure zurückzuführen ist. Ja selbst bei hungernden Tieren, in einem Fall auch beim Menschen, wurden von Dubois, Bouchard und Chauveau Gewichtszunahmen beobachtet, bei denen nach der Ansicht von Dubois auch eine vermehrte Aufspeicherung der CO_2 eine Rolle spielt.

Dies alles läßt darauf schließen, daß die Kohlensäure eine hochwichtige Rolle auch im Organismus des Tieres spielt; zahlreiche französische Forscher haben gezeigt, welche Bedeutung ihrer Anhäufung in den Geweben und den Säften für die Erscheinung des Schlafes, des Winterschlafes und der Puppenruhe zuzuschreiben ist, nnd die vorliegenden Ausführungen lehren, wie die Kohlensäure durch ihre Spaltung und Verarbeitung zur Nahrungsquelle für den fastenden Organismus werden kann. Damit eröffnet sich dem Physiologen eine weite Perspektive, ein weites Feld neuer Arbeit. Je höher wir im Tierreich hinaufsteigen, desto schwieriger wird naturgemäß die Beobachtung dieser Phänomene werden, denn mit der Intensität der animalen Lebensäußerungen erschwert sich auch der Nachweis der Assimilationsprodukte. Und eben darin, in diesem Überwiegen der respiratorischen Vorgänge gegenüber den assimilatorischen, liegt der Unterschied in der physiologischen Leistung beim Tier und bei der Pflanze, der zu der Anschauung führen mußte, daß das Tier atmet und daß nur die Pflanze assimiliert.

Erklärung der Abbildungen.

(Taf. I—III.)

Tafel I.

Kurventabellen für die Puppen vom Segelfalter (Papilio podalirius).
Serie II.

Fig. 1 stellt den Verlauf des respiratorischen und assimilatorischen Gaswechsels der in kohlensäurereicher Atmosphäre befindlichen Segelfalterpuppen dar.

Die eingetragenen Werte der absorbierten und exhalierten Gase entsprechen den nach dem Ergebnis der Analyse berechneten Werten. Es ist dabei nicht darauf Rücksicht genommen, daß die Puppen in den Tagesversuchen, in denen assimiliert wurde auch gleichzeitig geatmet haben und deshalb eine größere assimilatorische Arbeit leisten mußten, als in den gefundenen und berechneten Analysenwerten ausgedrückt ist.

Kurventabelle für die Puppen vom Segelfalter (Papilio podalirius).
Serie III.

Fig. 2 stellt den Verlauf des respiratorischen und assimilatorischen Gaswechsels der in kohlensäurereicher Atmosphäre befindlichen Segelfalterpuppen dar.

Die eingetragenen Werte der absorbierten und exhalierten Gase entsprechen den nach dem Ergebnis der Analysen berechneten Werten. Es ist dabei nicht darauf Rücksicht genommen, daß die Puppen in den Tagesversuchen, in denen assimiliert wurde, auch gleichzeitig geatmet haben und deshalb eine größere assimilatorische Arbeit leisten mußten, als in den gefundenen und berechneten Analysenwerten ausgedrückt ist.

Tafel II.

Kurventabelle für die Brennesselpflanze.

Die Kurve stellt den Verlauf des respiratorischen und assimilatorischen Gaswechsels der in kohlensäurereicher Luft befindlichen Brennesselpflanze dar. Die abgetragenen Werte der absorbierten und exhalierten Gase entsprechen den nach dem Ergebnis der

Analysen berechneten Werten. Es ist dabei nicht darauf Rücksicht genommen, daß die Pflanze in den Tagesversuchen, in denen assimiliert wurde, auch gleichzeitig geatmet hat und deshalb eine größere assimilatorische Arbeit leisten mußte, als in den gefundenen und berechneten Analysenwerten ausgedrückt ist.

Tafel III.

Fig. 1. Wechselnder Gehalt an Kohlehydraten, Fett und Eiweiß von 100 Seidenspinnerpuppen während der Puppenruhe. (Nach Vaney-Maignon.)

Fig. 2. Schwankungen des Kohlenstoffgehaltes von 100 Seidenspinnerpuppen berechnet aus den Kohlehydrat-, Fett- und Eiweißbestimmungen von Vaney-Maignon.

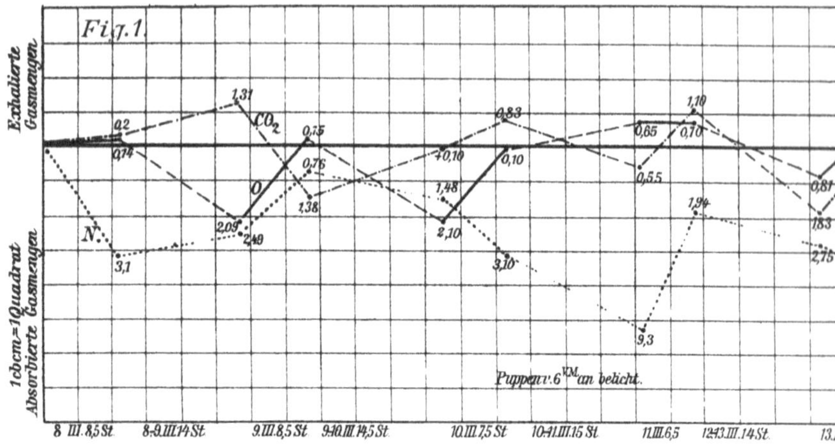

Versuchsdauer in Stunden 12 St = 3 Quadr

N = Stickstoff

O = Sauerstoff ....

CO_2 = Kohlensäure - - - - - - - - -

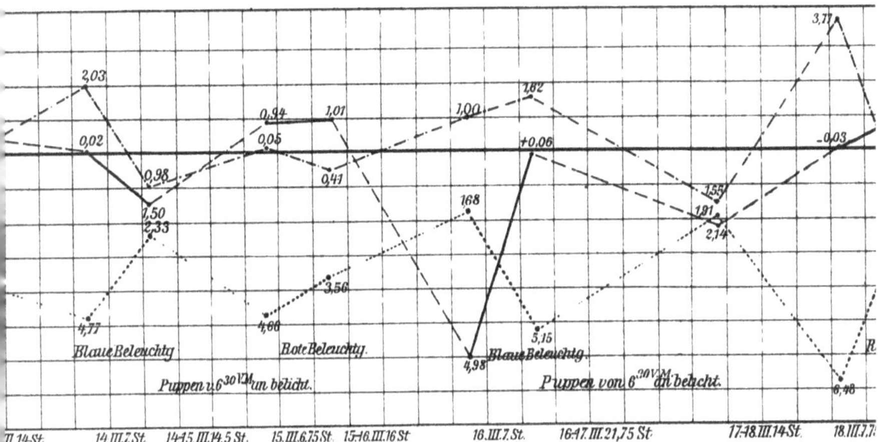

Respiratorischer und assimilatorischer Gaswechsel in CO_2-reicher Atmosp

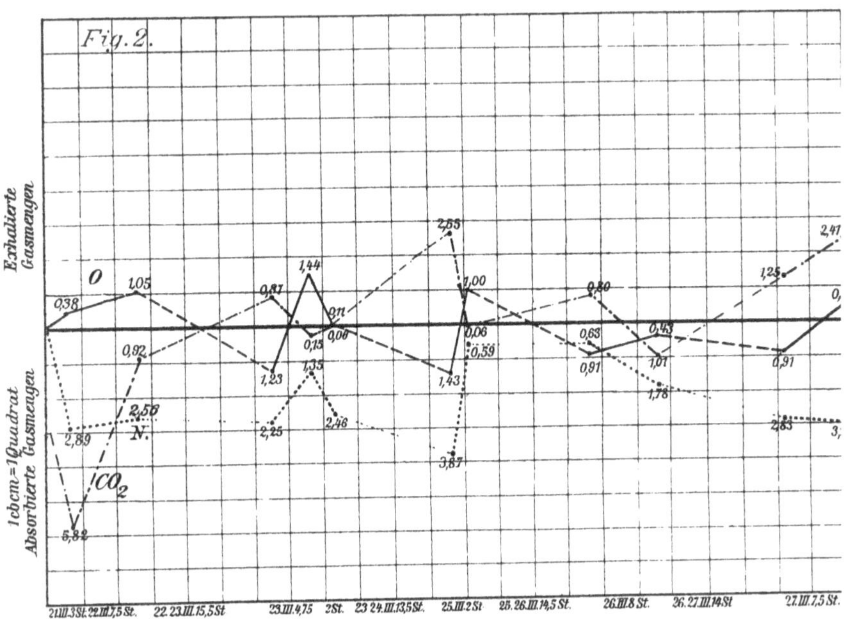

Respiratorischer und assimilatorischer Gaswechsel in CO_2-re

(vom 21. II

Verlag Ve

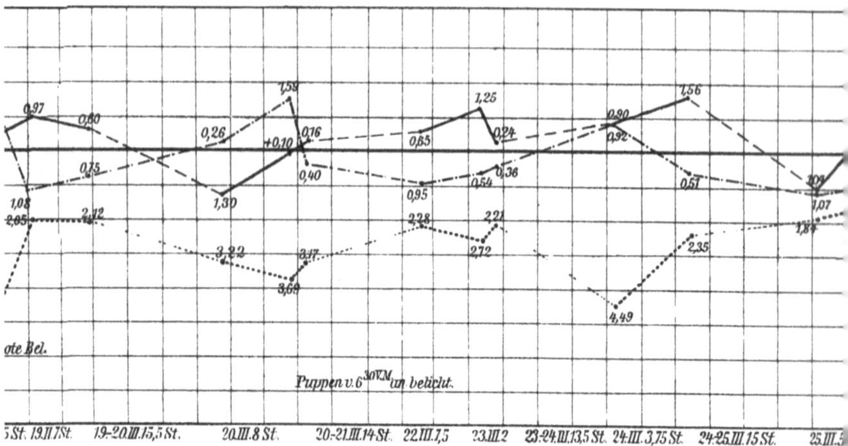

häre. 1. Der Puppen von Papilio podalirius, Serie II (vom 8.—30. III

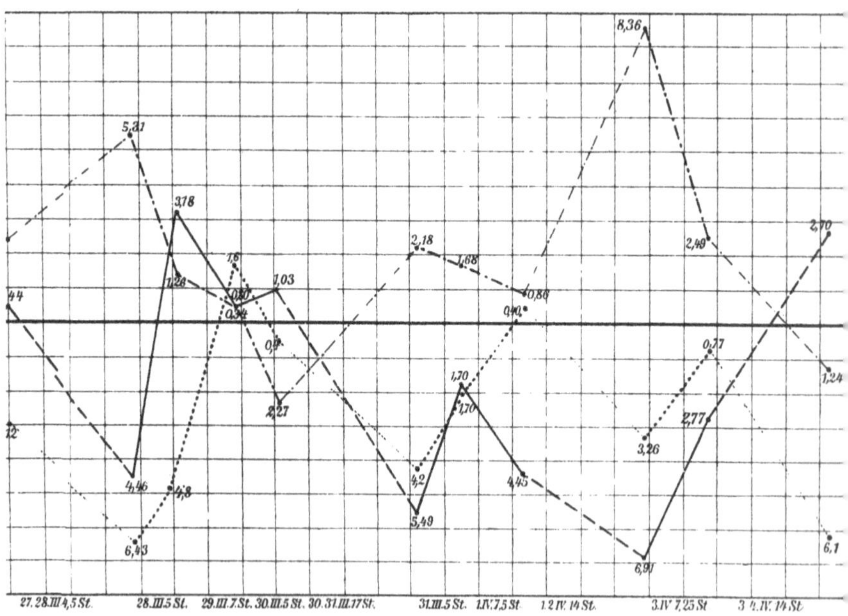

icher Atmosphäre. 2. Der Puppen von Papilio podalirius, Serie III
I. bis 3. IV. 1905).

t & Com. Leipzig

Taf I

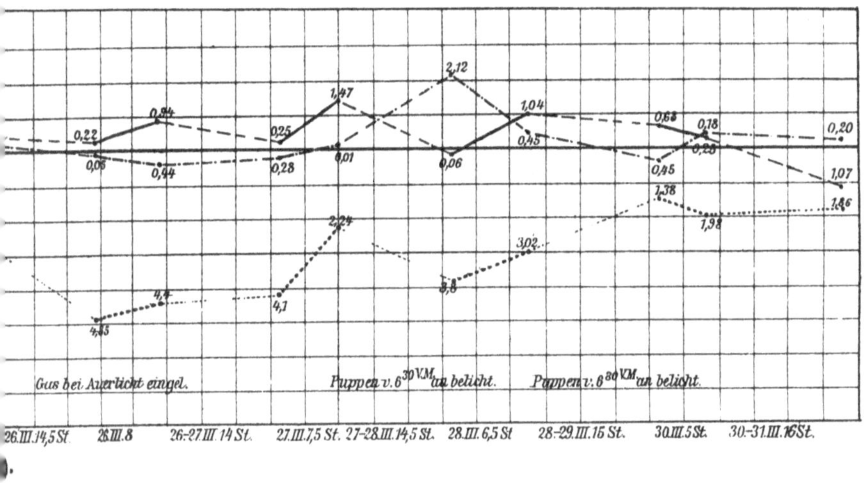

Lith. Anst. v. A. ... Leipzig

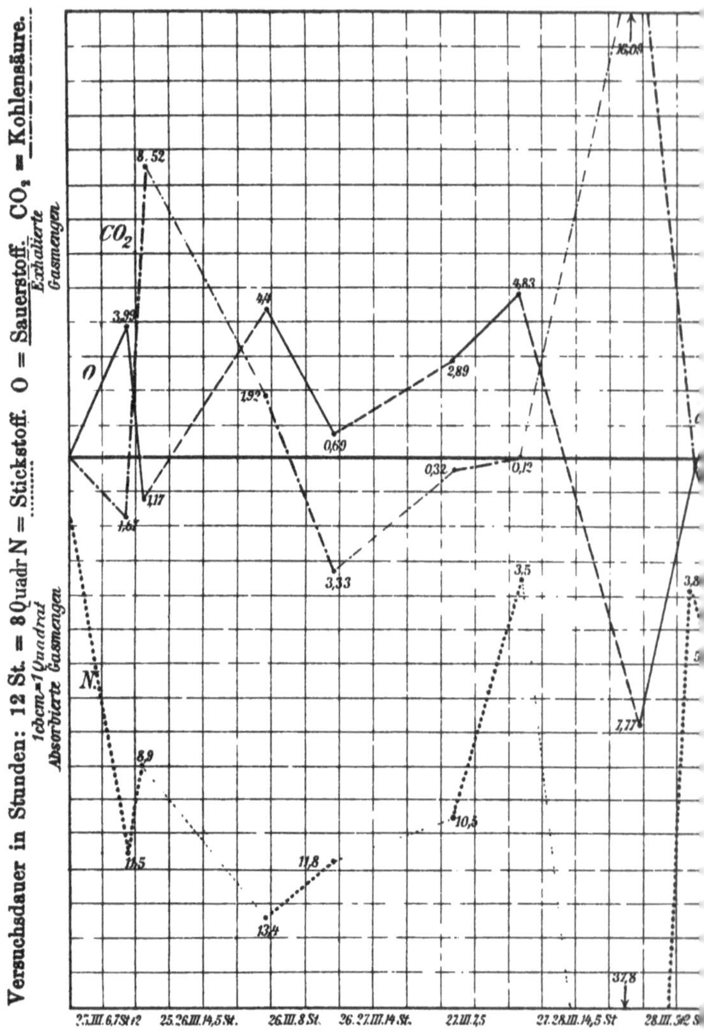

Respiratorischer und assimilatorischer Ga

(vom 2

Verlag

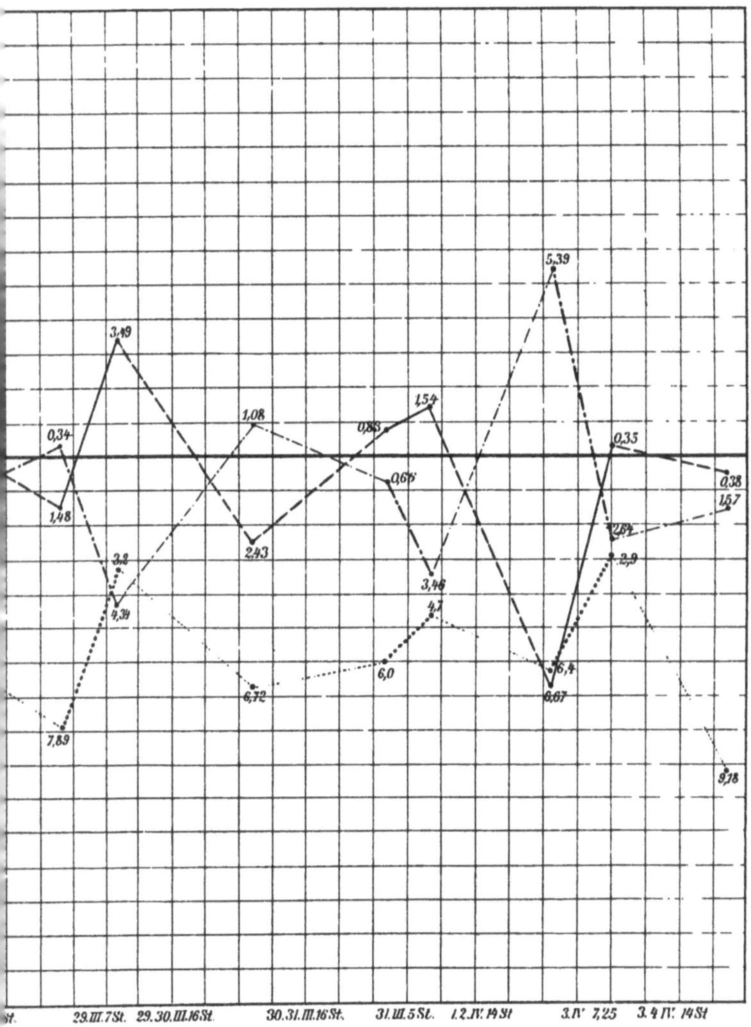

sel in CO_2-reicher Atmosphäre bei der Brennessel.

bis 3. IV. 1905).

omp. Leipzig

Lith Anst v E A Funke, Leipzig

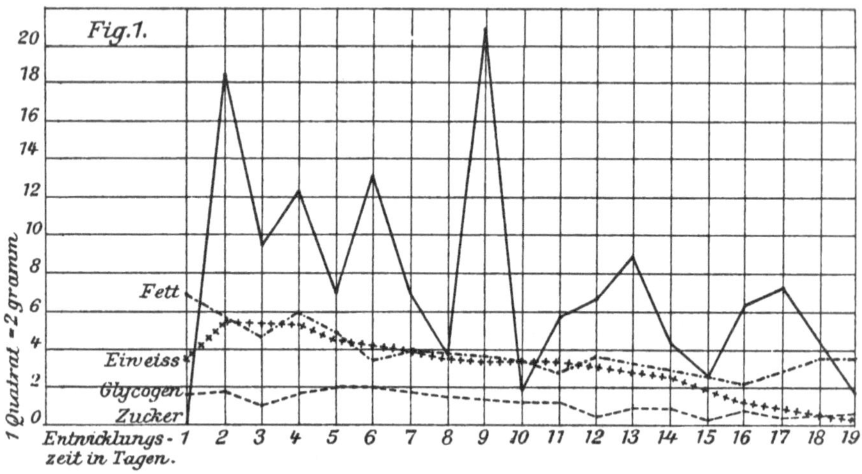

Substanzen = Kurve für 100 Puppen des Seidenspinners.

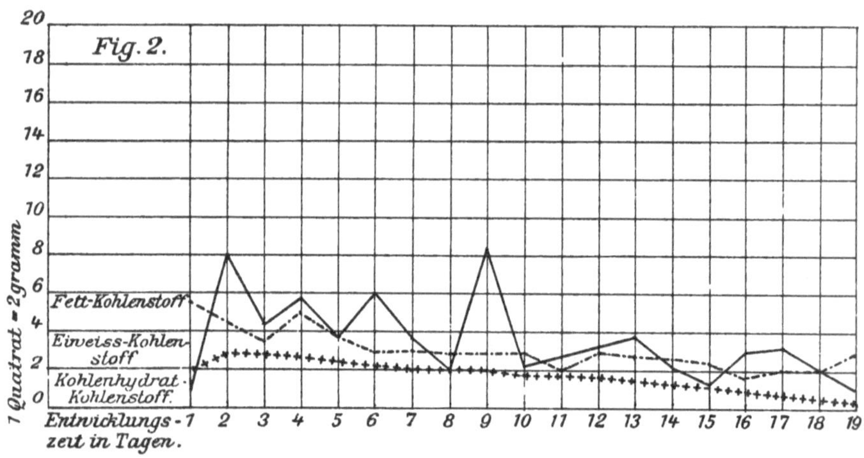

Kohlenstoff = Kurve für 100 Puppen des Seidenspinners.

Fett=Kohlenstoff -·-·-·-·-·-·-

Eiweiss=Kohlenstoff ++++++++++++

Kohlenhydrat=Kohlenstoff ————————

Verlag Veit & Comp. Leipzig

Lith. Anst. v. E. A. Funke, Leipzig.

Metzger & Wittig, Leipzig.

FSC
www.fsc.org
MIX
Papier | Fördert gute Waldnutzung
FSC® C083411

Zeitfracht Medien GmbH
Ferdinand-Jühlke-Straße 7
99095 Erfurt, Deutschland
produktsicherheit@kolibri360.de